王瑞瑤・洪滄浪（阿浪師）著

阿浪師五星級

點心教室

60道天天都想吃的
14種萬用食材，
中式養生甜點

平凡點心看見不平凡

我總驕傲地說：阿浪，是西華的一塊瑰寶！尤記得第一次嘗到他的點心，看似平凡的綠豆湯品，卻每一口都喝得到其中細節與韻味，掀起了味蕾的層層震撼，使不愛甜食的我臣服於其中。

而走遍各地尋找美食，甜點卻往往決定了整桌菜餚是否圓滿的致勝關鍵。有別於精巧華麗的西式點心，看似平凡卻富巧妙變化的中式點心，更考驗著主廚的功力，而總不按牌理出牌的阿浪卻每每都讓我驚豔不已，使再平凡不過的食材，透過其精湛手藝，均幻化為各式珍稀美食，更透過其巧妙的食材搭配藝術，於短時間內運用手邊現有食材，將甜點料理一分為二，變化出多款特色點心，也全方位滿足館內饕客的味蕾挑戰。

此書堪稱中式甜點食譜的傳奇工具書。在本書中，阿浪顛覆了傳統思考與做法，選用生活中再平凡不過的紅豆、綠豆、黃豆等俯拾即是的14種平實食材，以一勞永逸之簡易方式，教會你60道經典中式點心，將各食材特色發揮到極致。也在此書中，我看到廚師對於食材之尊重並將食材本質淋漓展現，更將一般人認為很不容易的中點製作技巧一一破解，詳盡的圖文與技巧解說，也讓人吃甜點不再只是吃熱鬧，更學會如何吃門道！

西華飯店董事長／劉文治

又健康、又有道德的甜點

甜點的英文是Desserts，倒過來卻是Stressed——焦慮，這也說明了好的甜點可以吃出健康、吃出快樂，不好的甜點卻是讓人健康憂慮。

甜點有兩項很重要的材料：糖及膠體，懂得如何使用這兩種材料的廚師，會將甜點製作得很有道德，並會提升國人飲食健康；反之，所做之甜點，卻是國人健康相當大的隱形殺手。因此，好的甜點已經很難製作了，但要製作出一個又健康又道德的甜點更是難上加難。

先說糖吧！每當我們到醫院去掛急診時，醫生一定先為我們點滴葡萄糖，絕對不會是果糖，因為如果點滴果糖，我們極有可能遭受生命之威脅。這小小舉例，說明了葡萄糖是身體所需要的糖，它會進入人體循環系統，提供人體所需之營養及熱量；果糖不是身體所需要的糖，它不會進入人體循環系統，而是直接進入代謝系統——肝，也因此帶給肝臟極大的負擔，更提高了疾病發生之機會。因此，果糖絕不是好糖，食品從業人員應降低使用，可是果糖卻是現在食品工業甜點最重要的原料糖，這也說明了國人健康難以轉好之部分原因。

再說膠吧！動物膠是一種可變性蛋白，有著加熱就會溶解之缺點，所以甜點上很少使用。植物膠（果膠、蒟蒻⋯⋯等）是半膳食纖維素，它具有強大的吸附力，可以吸附很多水及人體代謝後所產生之毒素，因此，它可以使得糞便變得很柔軟且不臭，減少便秘之機會並將人體毒素排除。如若植物膠吸飽了水，就會使甜點變得很Q，但卻喪失了吸附能力，因而無法將人體代謝後所產生之毒素吸附排除。若一個廚師於製作甜點時，會保留一些植物膠體吸水的空間，以利將人體代謝後所產生之毒素吸附排除，即使產生了所製作之甜點不是那麼Q之缺點，他仍是很有道德及愛心的。

王瑞瑤小姐、洪滄浪先生所著的《阿浪師五星級點心教室：14種萬用食材，60道天天都想吃的中式養生甜點》食譜，二位作者分別任職中國時報美食記者及西華飯店點心主廚，是國內目前飲食翹楚的領航者，餐飲知識及經驗均足以傲視業界；本書我已有詳細閱讀，前述二種之原料，作者均已相當專業之知識及經驗，製作出適合人體吸收及代謝之健康食譜，讓不敢吃甜點的人能夠吃出健康吃出快樂，值得推薦本書供大家閱覽。

食品安全權威／文長安

★ Chef A-Lang's ★
Chinese Healthy
Desserts

令人著迷的養生中式甜點

「妳不可能為了想吃一碗紅豆湯，而煮一碗紅豆湯，既然都要煮一碗紅豆湯，為什麼不能把紅豆湯變紅豆糕，變銅鑼燒，變芝麻球，變豆沙包……」

採訪洪滄浪，是吃了他的豆腐。那一年，著了迷，吃了他一口像麻糬般的杏仁豆腐，就此跟他走進了廚房，前一秒還是瀟灑飄逸，後一秒突然起乩，披頭散髮，雙手飛舞，使盡全力敲打出軟中帶Q的傳統滋味。

認識洪滄浪，是因為一包綠豆。某一年，瘋狂研究含沙不爆肚的超完美綠豆湯而苦思冥想，結果阿浪聽聞哈哈大笑，六個小時後他拿來一包冷凍綠豆，要我煮鍋熱水，先放豆後加糖，超完美綠豆湯五分鐘就喝到，才驚覺自己外行充內行，拚命繞遠路。

發現洪滄浪，是邀請他上廣播。2013年5月起，我除了是中國時報資深美食記者以外，也擔任中廣「超級美食家」的主持人，阿浪上了空中，用真誠的台灣國語，讓中式點心長了翅膀。

杏仁先變茶，再變豆腐、奶酪，最後還變糕；紅棗沖水變美顏茶，加了吉利丁變凝凍，燉了水梨變貴婦甜點；麵茶除了古早味，能變核桃酪、芝麻糊。中式點心從養生出發，邏輯清楚，操作簡單，進一步舉一反三，而我，又一次，入了迷。

　　洪滄浪的《阿浪師五星級點心教室：14種萬用食材，60道天天都想吃的中式養生甜點》，以食材為出發，囊括了家中常備、隨手可得的紅豆、綠豆、花生、核桃、芝麻、紅棗、桂圓、西米、蓮子、黑白糯米，以及各式粉類等，變化出湯、茶、糕、凍、酪、粥、卷、糖、糊、冰、餅、酥、露，以及慕斯、麻糬、布丁等各種形式的中式甜點。

　　此外，洪師傅堅持在其中穿插幾招難度稍高的基礎中點技法，例如最常使用的豆沙餡、棗泥餡、水油皮、大酥皮等，並且把大量備置的專業概念運用在家庭中，平時就把難煮的豆子、糯米、雜糧全部處理起來，分袋冷凍，想吃的時候，就能縮短烹調時間，立即上桌。

　　中點不同於西點，不只有麵粉、油與糖而已，食材變化多端，兼具養生效果，自己在家做中點，更不怕誤食黑心食品，又能增進生活情趣，重拾童年美好回憶，享受更多幸福時光。

王瑞瑤

跟著我走進魔法甜點世界

1986年的暑假，我在西門町龍翔餐廳打工，看到廚房大佬張耀，每天下午上班，喝茶看報，外加罵人打牌，還能月領四萬五，覺得非常羨慕，於是不顧家人反對，毅然決然輟學、逃家，16歲就走進中式點心這一行。

待了一年多，只學會芝麻糊、芝麻球和蛋塔三種點心，而從師傅那裡拿到第一個港點斤兩是腸粉，在離職前足足拉了三個月。

當兵前，待過公子爺、富臨極品、富瑤、崇軒，在富臨極品認識了恩師陳興。

陳興師傅對我影響很大，他教會我「衛生」最重要，如果廚房不夠乾淨，他就板著一張臉，一整天不說一句話。而且跟了陳師傅才知道，中式點心可以做得那麼細、那麼美，若能加上盤飾，境界大提升。

三年後，從海軍陸戰隊退伍，繼續遊走西華、馥園、欣葉等地方，而第一次進西華，因為不習慣飯店的規矩太多，所以很快就離開。

在馥園針對有錢人設計，吃了比較不會發胖的蒸籠點心，如：蘿蔔糕、芋頭糕和馬蹄糕，前總統李登輝是座上賓，前立法院長劉松藩是常客。在欣葉天天做三種點心：杏仁豆腐、鴛鴦酥和蘿蔔酥，但在一次忘記叫貨的意外下，陰錯陽差發明了紫米西米露。

1994年重回西華飯店，接手中餐點心房主廚，之後短暫在景文技術學院任職，並於1995年起，擔任國內麻糬大王家會香食品公司的顧問，深入研究食品工業的流程，以及大量製作的技法。

以前覺得不自由而離開飯店，但漸漸地發現，在飯店工作有另一種自由：要做什麼就做什麼，沒有人干涉你挑戰美食的極限。例如：港星周潤發最愛吃的小籠包，坊間一般餐廳使用豬皮凍，但我改用老母雞湯凍，甚至不放雞腳，只加金華火腿和瘦肉一起熬煮，吃起來很清爽。

我是中式點心師傅，最寶貝自己的手，天天進廚房訓練自己，維持雙手的靈活度、柔軟度與敏感度。曾經幻想是盲劍客，閉上眼睛練習包點心，甚至把雙手放到身後做東西，即使沒看到，也可以

透過手指的敏銳觸覺，瞬間包好鮮蝦餃、豆苗餃、小籠包等，也藉此跟同事打賭，贏得很多杯咖啡。

美味的甜點是大家愛吃的食物，甜點不只是飯後的收尾，也是餐間的補給。然而現代人生活忙碌，想到自己做甜點就覺得很麻煩，尤其是中式甜點，似乎比西點要難上好幾倍。

透過《阿浪師五星級點心教室：14種萬用食材，60道天天都想吃的中式養生甜點》開啟讀者對中式甜點的另一番認識，體會其中美味，勾出自己在家也能做，卻逐漸被遺忘的傳統點心記憶。

我相信，愛吃甜點的你，只要跟著我，用幾個簡單的手法，無論是在家吃飯或朋友聚會，都能做出一道道完美甜點，更可以隨手打開冰箱，如同魔法，快速變出自己愛吃的甜點，大家不妨動手做看看。

洪滄浪

南杏仁有潤燥補肺，生津開胃、滋養肌膚的作用。

杏仁含有的維生素 E 是其他堅果類的 10 倍以上。

每 100 克的杏仁有熱量 600 大卡，
等於超過 2 碗白飯的熱量。

杏仁

北杏仁能止咳平喘,潤腸通便。

苦杏仁比甜杏仁具藥性,
具有止咳化痰的作用。

杏仁含有 18 種胺基酸,
以及豐富的維生素 B2、C、E,還有鋅、銅、硒
等微量元素和膳食纖維,有益於潤膚美容。

杏仁含有豐富的亞油酸,不飽和脂肪酸可清除壞膽固醇、
降低心血管疾病及中風的危險。

南北杏是南杏加北杏的統稱,
南杏是甜杏仁,形狀略大,北杏是苦杏仁,形似心臟,

材料：南北杏2杯、清水8杯、鮮奶120克、鮮奶油80克、細砂糖220克。

芡粉水：在來米粉20克、清水35克。

必需工具：果汁機、濾漿袋。

做　法

一、**浸泡：**南北杏加冷水淹過，浸泡8小時，瀝乾。

二、**打漿：**注入清水，用果汁機分次打碎成汁。

三、**擠汁：**用濾漿袋過濾，擠出杏仁汁，留下杏仁渣（杏仁渣可製作杏仁糕）。

四、**煮沸：**杏仁汁煮沸，加細砂糖、鮮奶、鮮奶油調味。

五、**勾芡：**以芡粉水勾濃即成杏仁茶。

浪師提醒

一、南北杏是南杏加北杏的統稱，中藥行多以南杏9：北杏1混合販售。

二、杏仁茶的標準濃度為南北杏1杯：清水4杯的體積比例，一杯水重200克。

三、不太甜的調味比例為總液體600克：糖75克（1斤水兌2兩糖）。

四、若杏仁渣棄之不用，可在南北杏中加入糯米35克一起泡水，最後煮沸免勾芡。

杏仁奶酪

材料：煮沸而未調味的杏仁汁500克、鮮奶250克、鮮奶油250克、細砂糖110克、市售杏仁粉30克、吉利丁片6片。

必需工具：冰水。

┌─────────┐
│ 做 法 │
└─────────┘

一、**融凝膠：**吉利丁片泡冰水，待硬片變軟膠，擠乾水份，加入細砂糖與杏仁汁少許，蒸至融化。

二、**混杏汁：**混合杏仁汁所有材料，回沖到吉利丁中調勻，入杯，冷卻，即成。

吉利丁片基本法

一、吉利丁片是動物膠質，外形似透明塑膠片，使用前先片片分開，交叉浸入
　　冰水，稍待片刻，從硬片軟化成膠狀物。

二、將軟膠從冰水中撈出，擠乾水份，蒸至融化，才能與杏仁汁、牛奶、果汁
　　等液體充分混合。

三、融化吉利丁片的方法除了蒸，還有直火煮與打微波，但直火煮容易燒焦，
　　打微波要記得加蓋。

四、吉利丁片的多寡，決定凝凍的軟硬，所以務必要依照比例混合，並注意以
　　所有液體加總為標準，包括：牛奶、鮮奶油、奶水等都該合併計算，而最
　　常見的三種口感與比例為：

● 口感滑軟，將凝未凝是總液體1000克：吉利丁片6片。

● 切成有直角的軟糕狀是總液體1000克：吉利丁片12片。

● 可從模型中倒扣出來是總液體1000克：吉利丁片15片。

杏仁豆腐

材料：煮沸而未調味的杏仁汁600克（見第14頁）、洋菜20克、清水600克、細砂糖150克、吉利丁片20克、三花奶水130克、煉乳130克、杏仁露70克。

必需工具：冰水、方盤。

> **做　法**

一、**溶洋菜：**洋菜剪碎，泡冷水3小時，擠乾水，加清水，小火煮，直至化。

二、**融凝膠：**吉利丁片泡冰水，約10分鐘，待硬片變軟膠，擠乾水份。

三、**二合一：**將軟膠放進沸騰的洋菜水，攪動煮溶，倒入細砂糖調勻，離火。

四、**加杏汁：**待溫度降至體溫，加入奶水、煉乳、杏仁露，以及杏仁汁混合。

五、**變豆腐：**倒入杯子或方盤，送入冷藏，凝結即成杏仁豆腐。

六、食用時切適當大小，佐糖水與水果。

> **浪師提醒**

一、洋菜與吉利丁是常見的兩種凝固劑，洋菜口感脆而硬，吉利丁軟而Q，1：1混合兩者，可取得最佳口感。

二、洋菜為石花凍萃取乾燥製成，使用前必須泡水軟化，否則煮很久也不易溶。

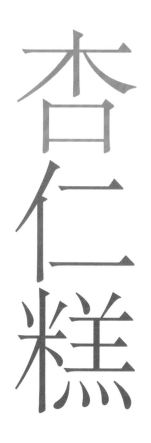
杏仁糕

材料：生杏仁渣110克、細砂糖60克、室溫軟化的無鹽奶油50克、市售杏仁粉30克。

必需工具：烤箱、直徑3.5公分的圓模。

做法

一、**烤乾：**烤箱預熱至攝氏120度，生杏仁渣鋪平放入，慢烤至乾，聞到香味即可。

二、**壓實：**混合所有材料，入模壓實，高度約2.5公分，脫模即成。

浪師提醒

一、奶油可用乳化白油、豬油、乳瑪琳等油脂取代。

二、杏仁擠汁留渣時，杏仁渣可先烤乾，以利保存。

三、杏仁渣亦可用乾淨的鍋子，以小火慢慢翻炒至乾香。

黃豆，就是大豆，是豆科植物中最富有營養
而又易於消化的食物，是最豐富、最廉價的蛋白質來源。

菜市場看到的新鮮毛豆，就是八分熟的新鮮黃豆。

黃

豆

《禮記》：孔子曰：啜菽飲水，盡其歡，斯之謂孝。

黃豆，又叫青仁烏豆、大豆、泥豆、
馬料豆、秣食豆，原產於中國，古代稱菽，
人工栽培有五千年歷史。

《詩經》：中原有菽，庶民采之。

大豆的種皮顏色有黃色、淡綠色、黑色，
別名為黃豆、青豆、黑豆，其中以黃豆最常見。

豆漿

材料：黃豆2杯、清水16杯。

必需工具：果汁機、濾漿袋。

做　法

一、**泡黃豆：**冷水浸泡，水高為黃豆的一倍，夏天7小時，冬天10小時。

二、**打黃豆：**瀝去水分，注入清水，分次用果汁機打碎。

三、**濾豆渣：**用濾漿袋過濾，擠出豆漿，留下豆渣（豆渣可做煎餅）。

四、**煮豆漿：**開中火，見冒泡膨脹，熄火加蓋，靜置5分鐘。消泡後再開火，連續三次燜煮，豆漿即成。

浪師提醒

一、豆漿的濃度標準為黃豆1杯：清水8杯的體積比例。

二、夏天泡黃豆，要進冰箱冷藏，否則容易酸敗。

三、豆漿煮沸時會冒泡膨脹，所以鍋子要大，預留空間，避免溢出。

四、豆漿經過多次煮沸，口感更滑、滋味更香。

五、若要豆味更香濃，汁帶渣先煮熟，降溫後再過濾。製作杏仁茶亦然。

豆花

材料：豆漿1400克。

凝固劑：地瓜粉20克、熟石膏粉4克、冷開水100克。

必需工具：溫度計、高筒鍋。

做 法

一、**煮：**煮沸豆漿，冷卻降溫到攝氏90度。

二、**調：**調勻凝固劑，倒進高筒鍋。

三、**沖：**高舉熱豆漿，沖入高筒鍋，形成急漩渦，混合凝固劑。

四、**等：**立即加蓋，靜置不動10分鐘，待其凝固，刮淨表面浮沫，豆花即成。

五、**熬：**豆花冰透，撒上熟花生（見第116頁），淋上熬好的糖水（見第30頁）一起食用。

糖水基本法

古法為熬，新法為煮，前者滋味香，但做法繁複，後者簡單做，味道清新。

古法熬糖

材料：貳號砂糖（黃砂糖）600克、熱水450克。

做 法

一、鍋子稍微加熱，取砂糖300克分次入鍋，第一次先倒入50克，見其融化成液態，其餘砂糖分三次入鍋，同樣炒至融化再放糖。

二、將另外300克的砂糖倒入鍋中，慢慢加進熱水，並添加幾粒烏梅，直到砂糖全部溶解，香氣跑出來，就可熄火浸泡。

浪師提醒

一、炒糖只要融化即可，不要刻意燒焦。

二、熱水入鍋會冒煙、狂滾沸，必須放慢速度操作。

新法煮糖

材料：細砂糖600克、熱水600克、檸檬或鳳梨或蘋果等水果（檸檬帶皮切片、鳳梨去皮切塊、蘋果帶皮切塊）。

做 法

一、所有材料入鍋煮沸，直至砂糖溶化。

二、轉小火，將糖水熬煮濃縮至900克即可。

糖水與點心：黏TT又愛計較的美味關係

冰糖官燕：1斤水兌3兩糖，煮化。

蛋塔、雙皮奶：1斤水兌半斤糖，煮化。

豆花、仙草、粉粿：1斤水兌12兩糖，濃縮。

月餅：1斤水兌2斤糖，濃縮。

浪師提醒

糖水若要冷藏久存，糖度需超過60度，而且放愈久，味愈香，但若表面出現一層白膜，表示這糖水已經壞了，可以丟了。

豆渣甜煎餅

甜煎餅材料：生豆渣100克、雞蛋1個、鮮奶50克、麵粉50克、奶粉30克、吉士粉30克、糖粉25克、甜桂花醬20克。

香草汁材料：蛋黃6個、鮮奶500克、鮮奶油500克、香草莢1條取籽、細砂糖180克。

必需工具：烤箱、熱水。

做法

一、**烤豆渣：**烤箱預熱至攝氏120度，生豆渣鋪平放入，慢烤至乾，聞到香味即可。

二、**打麵糊：**攪勻甜煎餅所有材料，包括熱豆渣。

三、**熱鍋子：**平底鍋燒熱，取餐巾紙塗油。

四、**煎成餅：**倒麵糊，攤平，兩面煎熟上色。

五、**製淋醬：**香草汁材料全部混合，隔熱水加熱，攪動成糊。

浪師提醒

一、黃豆渣亦可用乾淨的鍋子，以小火慢慢翻炒至乾香。

二、由於雞蛋的大小不一，若在攪麵糊時覺得太濃稠，可多加些鮮奶調整。

三、香草汁的材料為最低比例，若份量太少，操作反不易。

四、香草汁先裝盒冷凍，再切小塊回凍保存，使用時解凍即可。

五、豆渣甜煎餅亦可淋上現成的巧克力醬食用。

紅棗含有蛋白質、脂肪及多種礦物質元素，
如：鈣、磷、鐵等。

紅棗是原產中國，有八千多年歷史，
在西周時期就有紅棗釀酒的紀錄。

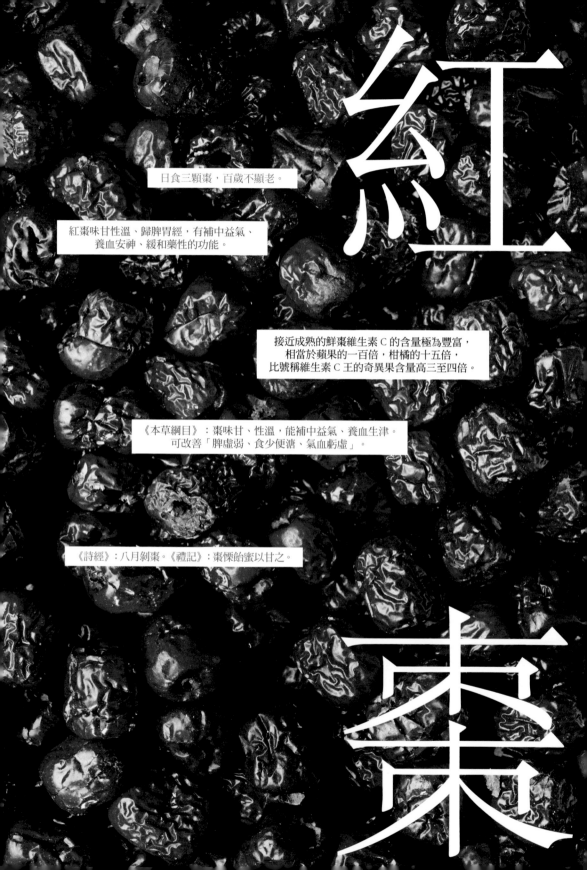

紅

日食三顆棗，百歲不顯老。

紅棗味甘性溫、歸脾胃經，有補中益氣、
養血安神、緩和藥性的功能。

接近成熟的鮮棗維生素 C 的含量極為豐富，
相當於蘋果的一百倍，柑橘的十五倍，
比號稱維生素 C 王的奇異果含量高三至四倍。

《本草綱目》：棗味甘、性溫，能補中益氣、養血生津。
可改善「脾虛弱、食少便溏、氣血虧虛」。

《詩經》：八月剝棗。《禮記》：棗慄飴蜜以甘之。

棗

心太軟

材料：去籽紅棗乾20粒。

糯米心材料：糯米粉30克、清水15克。

糖水材料：冰糖110克、清水190克、桂花醬15克。

做　法

一、**泡水：**紅棗乾泡冷水6小時，
　　　恢復其形。

二、**開口：**用剪刀剪開紅棗一
　　　側，裂出一條縫（見殘籽，
　　　請去除）。

三、**製心：**混合糯米心材料，先
　　　揉成團，再搓細條。

四、**填實：**取糯米細條，與紅棗等長，塞進紅棗的空
　　　心裡。

五、**蒸熟：**蒸上8分鐘，待紅棗軟綿、糯米熟透。

六、**糖漬：**混合糖水材料煮沸，放入紅棗，煮沸後轉小
　　　火，續煮15分鐘，讓糯米心入味。

浪師提醒

一、蒸，有正確步驟，若不會，永遠蒸不熟、蒸不好。底水
　　沸，始進籠，加蒸蓋，等氣出，見白煙，才計時。

二、甜味可依個人喜好而調整，若不喜太甜，可改放鹹桂花醬。

紅棗蓮子百合凍

材料：紅棗50克、桂圓肉15克、清水1000克、細砂糖100克、真空包百合1包、蜜蓮子（見第130頁）數粒、吉利丁片。

必需工具：冰水、布丁杯。

做 法

一、去雜質：桂圓肉拆開，泡冷水15分鐘，去除細殼等雜質。紅棗洗淨。

二、蒸甜湯：清水加紅棗與桂圓肉蒸1小時，趁熱加砂糖溶化，取汁備用。

三、燙百合：熱水氽燙，透明即起，冰水冷卻，撈出瀝乾，再用餐巾紙吸乾水份。

四、燙枸杞：氽燙數秒，撈出瀝乾，同樣用餐巾紙吸乾水份。

五、混凝膠：以總液體1000克：吉利丁15片的比例，將紅棗汁與吉利丁片混合。

六、組合一：取布丁杯，先倒少許紅棗汁，移至冷藏待其微微凝固。

七、組合二：放蜜蓮子、熟枸杞、熟百合，令其固定在中間，最後倒汁約八分滿，冷藏凝固，倒扣即成。

浪師提醒

一、紅棗久蒸，味道變酸。

二、百合燙熟，再經冰鎮，口感爽脆，若煮太久或煮不熟，色易轉黑，質地粉爛。

紅棗枸杞甘草茶

材料：熱水1800克、去籽紅棗110克、甘草20克、枸杞20克、冰糖少許。

（ 做 法 ）

紅棗入熱水，煮30分鐘，加甘草，再煮30分鐘，最後投入枸杞，熄火加蓋，燜出味道，加糖調味，煮或蒸皆可。

棗泥餡

基礎中點技法

材料：棗蓉1000克（做法請見以下一至四）、花生油300克、細砂糖800克、麥芽糖500克、豆沙餡1000克（見第82頁）。

必需工具：果汁機、細目漏杓、刮刀、濾漿袋。

做法

一、**蒸：**去核紅棗洗淨，加水淹過，蒸1小時，待其冷卻。

二、**碎：**紅棗加清水少許，用果汁機分次攪打成糊。

三、**濾：**紅棗糊倒進細目漏杓，用刮刀來回刮動，濾皮漏泥。

四、**擰：**紅棗肉裝進濾漿袋中，擰去水份，愈乾愈好，即是棗蓉。

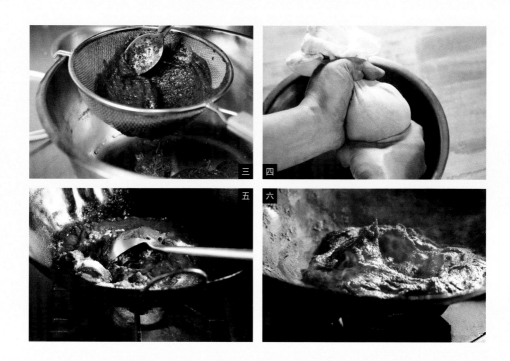

五、炒：中火燒熱炒鍋，轉小火，放花生油150克，以及棗蓉、豆沙餡、細砂糖，不斷推炒攪動，至糖融化，手感變緊。

六、Q：再加麥芽糖，同樣不停手，炒到有點兒彈性，最後倒入另一半花生油，炒到完全吃油，質地Q黏，時間約15分鐘，盛起放涼。

浪師提醒

一、純棗泥帶酸味，所以取豆沙混合。

二、炒棗泥最怕燒焦，若見棗泥如火山熔岩鼓起、爆裂，並冒出白色的煙，表示棗泥快炒好了。

三、若煙色轉暗，表示棗泥已過火，整鍋皆苦不能用，所以必須非常小心控制火力，並迅速且快手翻炒。

水油皮

（水皮包油心，又稱小酥皮）

水皮材料： 低筋麵粉450克、高筋麵粉150克、室溫軟化的無鹽奶油220克、清水280至300克。

油心材料： 以低筋麵粉2：乳化白油1的重量比例取量，多做無妨，例如低筋麵粉300克加乳化白油150克。

必需工具： 塑膠袋、刮刀、方盤、擀麵棍。

做法

一、**揉水皮：** 取兩種麵粉築牆，中置清水少許與細砂糖，採指尖畫圈方式，使糖溶於水至無顆粒。再放奶油捏成小塊，加入其餘清水，利用刮刀推牆，將水油粉混合揉團，高舉重摔，摔至起筋不黏手，入袋，冷藏，醒麵30分鐘。

二、**搓油心：**同樣取麵粉築牆，中置白油，先用刮刀壓勻混合，再像在洗衣板上搓揉衣服般的手勢，將粉油用力搓勻，置於室溫即可。

四、**擀層次：**用擀麵棍上下擀成牛舌餅般的薄片，將薄片由上而下捲起，以左手大姆指掌緣由左至右再捲起，稍微壓扁，擀成直徑5公分的圓片。

三、**皮包油：**水皮搓長條，切小塊，重約16克，以掌心拍扁，包入油心8克，收口、揉圓，壓扁。

菊花酥

外皮：水油皮（見第44頁）。

內餡：棗泥餡（見第42頁）。

必需工具：烤箱、刷子。

另備：蛋黃液。

〔 做 法 〕

一、**包內餡：**將棗泥餡包進水油皮裡，如包湯圓般利用虎口收口，小心搓圓，輕輕壓扁。

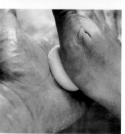

二、開八刀：中心圓保留1公分，用小刀切
　　　　　出8條間隔相同的刀口。

三、轉花瓣：翻轉捏角度，麵團變菊花。

四、烤菊花：蛋黃液塗表面，烤箱以底火攝
　　　　　氏190度，上火200度預熱，烤12分鐘。

巧克力棗泥果

外皮材料： 水油皮（見第44頁，但水皮揉進巧克力粉少許）。

內餡材料： 棗泥餡（見第42頁）。

必需工具：
酥夾。

> **做 法**

同菊花酥做法一，搓圓後，用酥夾夾出六條間隔相同的花紋，再用牙籤戳洞，烤箱以底火攝氏190度，上火200度預熱，烤12分鐘。

棗泥螺旋酥

外皮材料： 水油皮（見第44頁做法一至三，但水皮取32克，油心16克）。

內餡材料： 棗泥餡，每球重20克。

另備： 炸油。

必需工具： 擀麵棍，大漏杓。

一、擀外皮：水皮包住油心之後，取擀麵棍左右
橫擀成牛舌狀，用指尖自左至右捲起，稍微壓
平，麵團旋轉90度，再一次擀開，捲起。

二、一開二：麵團從中對切成兩塊，切口朝下，豎
起，壓扁，成圓。

三、包內餡：擀開成圓片，中置棗泥，麵皮上翻，蓋住棗泥，頂出螺旋
紋，再小心收口，勿捏壞紋路。

四、入油鍋：麵團保持距離，一一排進漏杓裡，炸
油燒至攝氏100度，熄火後，將整個漏杓放入
油鍋裡，見小泡泡冒起來，而且愈來愈多，螺
旋紋愈來愈立體，再開中火，炸至上色即可。

浪師提醒

蘿蔔絲酥餅的做法與棗泥螺旋酥一模一樣，只是內餡不同。

Chef A-Lang's
Chinese Healthy
Desserts

圓糯米，屬粳糯，形狀圓短，
白色不透明，口感甜膩，黏度稍遜於長糯米。

糯米含有蛋白質、脂肪、糖類、鈣、磷、
鐵、維生素 B1、維生素 B2、菸鹼酸及澱粉等，
營養豐富，為溫補強壯食品。

米桂糕圓

熟圓糯基本法

傳統蒸糯米要先泡水一個晚上，即8至10小時，才能上籠乾蒸熟透，但阿浪師在
當兵時曾看到伙伕的快速煮飯法，立刻聯想可以運用在糯米飯上，所以若一不小
心忘記泡米，還是等不及泡米就想吃白糯米，都可以馬上施出此法。

阿浪的炒米法：糯米入沸水汆燙，即燙即起，置水龍頭下沖去表面黏液，以米
1：水0.8的比例，放入鍋中翻炒到水份快全乾，米飯凝固變重快炒不動時，加鍋
蓋悶住，見蒸氣跑光，熄火再悶20分鐘即可。

傳統的浸泡法：避免米飯口感太黏，糯米稍微沖一下，不要洗得太乾淨，泡水8
小時以上，撈出進蒸籠乾蒸。炊蒸時不要掀籠蓋，見蒸氣冒出計時50分鐘即可。

正常來講，充分泡過水的白糯米蒸1小時絕對熟，若覺米心仍硬似乎還差一點，可
在表面灑一點水，繼續再蒸，但若已經拌糖或拌鹽，二次蒸不易熟。

八寶粥

材料：熟圓糯、熟紅豆（見第78頁）、熟綠豆（見第98頁）、蜜蓮子（見第130頁）、熟薏仁、桂圓肉、紅棗、芋頭、細砂糖。

一、煮薏仁：大薏仁洗淨，泡水6小時，瀝乾水份，注入清水至三倍高，蒸80分鐘（熟薏仁與其它豆類相同，均可冷凍保存）。

二、炸芋頭：芋頭去皮切小丁，以攝氏180度熱油炸至酥脆（炸芋頭也能密封冷凍保存）。

三、去雜質：桂圓肉拆開，加冷水泡15分鐘，去除細殼等雜質。紅棗洗淨。

四、煮粥底：清水煮沸，先放桂圓與紅棗煮出味；再加熟糯米，煮到喜愛的濃稠度。

五、加材料：最後再把所有熟材料全部入鍋，煮沸加砂糖調味即可。

浪師提醒

糯米、乾蓮、紅豆、綠豆、薏仁、花生等食材，可分別煮熟，漬糖處理，分袋冷凍，想吃時，稍微加熱組合，立刻可食。

圓糯米

糯米具有補虛、補血、健脾、
暖胃、止汗等作用。

其中所含澱粉為支鏈澱粉，
所以在腸胃中難以消化水解，
不宜食用太多。

《本草綱目》：脾肺虛寒者宜之。

南方稱糯米，北方叫江米，
是人們經常食用的糧食之一。

米糕材料：熟圓糯600克、細砂糖110克、沙拉油35克、桂圓肉30克、白蘭地少許。

夾餡材料：芋頭300克、細砂糖50克、椰漿20克、沙拉油20克、麵粉20克。

必需工具：方盤、耐熱塑膠袋、蒸籠。

做　法

一、蒸芋泥：芋頭去皮切塊，蒸軟搗碎，加入夾餡其他材料拌勻，鋪平，蒸熟，冷卻備用。

二、洗桂圓：桂圓肉拆開，泡水15分鐘，去除雜質，撈出微剁。

三、拌糯米：糯米蒸好，趁熱與米糕其它材料拌勻。

四、層層疊：方盤鋪上耐熱塑膠袋，先鋪一層米糕，再鋪一層芋泥，最後再一層米糕，每層高度約1公分，切成小塊，即可食用。

浪師提醒

一、不用白蘭地，使用高粱酒或米酒提味也可以。

二、桂圓米糕可大量製作，密封冷凍，想吃蒸熱，非常方便。

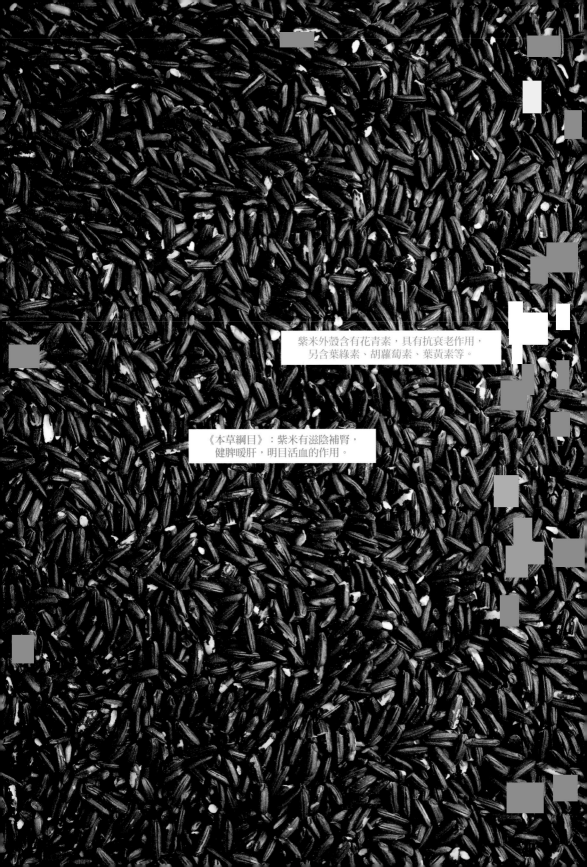

紫米外殼含有花青素，具有抗衰老作用，
另含葉綠素、胡蘿蔔素、葉黃素等。

《本草綱目》：紫米有滋陰補腎，
健脾暖肝，明目活血的作用。

紫

米

阿美族人視為珍品，
只有在重要祭典時，才供作宴客用。

紫米因產量稀少，營養價值高，歷代帝王，
將它視為貢品，又稱為貢米、黑珍珠米或帝王米。

紫米，又稱黑糯米，補血米，長壽米，
富含蛋白質、醣類、不飽和脂肪酸、維生素 B1、維生素 B2、
鈣、磷、鐵、鎂、鋅等礦物質和天然黑色素。

紫米的蛋白質含量居五穀類中最高，
維生素 B1 亦高，
可強化神經系統、緩和腳氣病症狀。

三寶紫米粥

材料： 熟紫米200克、桂圓肉20克、紅棗35克、清水600克、蜜蓮子15粒（見第130頁）、細砂糖150克、白蘭地少許。

做　法

一、**去雜質：** 桂圓肉拆開，泡冷水15分鐘，去除細殼等雜質。紅棗洗淨。

二、**煮甜味：** 紅棗與桂圓肉，先加清水煮出味道。

三、**熬稠度：** 放入熟紫米，視個人喜好煮濃煮稀。

四、**增風味：** 放蜜蓮子，加砂糖，待煮沸，起鍋前淋上白蘭地。

熟紫米基本法

紫米洗淨，加水淹過浸泡一晚，瀝乾水份，注入清水至米的半高，蒸50分鐘即熟，可冷凍保存。

桂圓紫米露

材料：熟紫米、桂圓肉、細砂糖、白木耳、吉利丁片、清水。

必需工具：小馬丁尼杯或玻璃杯、冰水。

做 法

一、**發雪耳：**白木耳泡冷水30分鐘，修去蒂頭，再放入沸水汆燙3分鐘，瀝出沖冷水，再瀝乾即可使用。

二、**熬糖水：**桂圓肉泡開去雜質，再加清水煮開，加糖調味，取水備用。

三、**混凝膠：**以總液體1000克：吉利丁片6片的比例，將桂圓糖水與吉利丁混合，並隔水冰鎮至微微凝固。

四、**煮米糊：**熟紫米加水加糖熬成濃稠狀。

五、**層層疊：**取小馬丁尼杯，先倒一層桂圓糖水，待其凝固，再鋪一層紫米糊，待表面風乾，再倒一層桂圓糖水，最後放上白木耳即成。

椰絲紫米卷

黑餡材料：熟圓糯300克、熟糯米300克（見第55頁）、椰漿40克、細砂糖115克、奶油70克、桂圓肉40克、蜜蓮子70克（見第130頁）、白蘭地少許。

白皮材料：糯米粉300克、冷水180克、細紗糖80克、澄麵80克、沸水60克、白油80克。

必需工具：方盤、5斤耐熱塑膠袋、擀麵棍、蒸籠。

另備：椰子粉。

（做法）

一、**製黑餡：**混合黑餡所有材料（若熟紫米已經冷凍或冷藏，請蒸熱回軟），放入鋪有耐熱塑膠袋的方盤中，壓實成塊，高度約3公分，並切成長條。

二、**做白皮：**冷水調勻細砂糖，加糯米粉揉成團；熱水燙澄麵，揉成團。兩團揉在一起，混白油揉勻。最後放入耐熱塑膠袋裡，用擀麵棍壓出0.3公分的薄片。

三、**白裹黑：**剪開白皮塑膠袋的兩側，揭開上層塑膠，將紫米條放在白皮上，抓起塑膠袋向上捲，順勢將白皮包覆黑餡的四邊，並以菜刀割斷白皮。

四、**整條捲：**將白皮紫米捲移至另一張攤開的塑膠袋上，像包糖果般，收捲兩邊封口。

五、**上籠蒸：**入蒸籠蒸15分鐘。

六、**沾椰粉：**椰子粉撒在桌上，取出紫米卷，四面沾裹，即可切塊食用。

（浪師提醒）

椰絲紫米捲可大量備置，做到步驟五，放到冷卻，可冷凍或冷藏，食用前回蒸，完成步驟六即可。

蛋黃中含有豐富的卵磷脂、固醇類、蛋黃素，
以及鈣、磷、鐵、維生素 A、B、D，是健腦食品。

雞蛋性味甘、平，可補肺養血、滋陰潤燥，
用於氣血不足、熱病煩渴、胎動不安等，是扶助正氣的常用食品。

雞

雞蛋的蛋白質品質僅次於母乳。

雞蛋有人體必需的八種胺基酸，
並與人體蛋白的組成極為近似，
人體對雞蛋蛋白質的吸收率可高達 98%。

一個蛋黃的抗氧化劑含量
就相當於一個蘋果。

雞蛋蛋白質的消化率高於牛奶、
豬肉、牛肉和白米。

蛋

紅豆慕斯

紅豆餡材料： 熟紅豆300克（見第78頁）、清水115克、奶油15克、煉乳40克、鮮奶油75克、細砂糖40克、芡粉水（玉米粉75克加清水115克）。

蛋黃醬材料： 鮮奶油190克、細砂糖40克、蛋黃60克。

必需工具： 熱水、噴槍、烤箱。

> **做法**

一、紅豆餡： 熟紅豆加清水、奶油、煉乳、鮮奶油，開中火濃縮，再加細砂糖，並以芡粉水勾芡。

二、倒一半： 紅豆餡倒入容器，約半高，吹風待涼，風乾表面。

三、黃蛋醬： 鮮奶油加砂糖，隔熱水煮至糖溶化但未滾沸，再倒入打散的蛋黃拌勻，直到勾出薄芡的感覺為止。

四、八分滿： 蛋黃醬倒入同一容器，覆蓋紅豆餡，高度達八分。

五、烤慕斯： 烤箱以攝氏150度預熱，紅豆慕斯先擺上烤盤，再加水約達烤盤的1/4高度，烤30至40分鐘，隔水蒸烤的方法同法式布丁。

五、燒焦糖： 撒上少許細砂糖，用噴槍烤出焦糖，最後擺上新鮮水果或薄荷裝飾。

> **浪師提醒**

一、這道是阿浪師自創，中西合璧的經典甜點。

二、烤製時間不可過長，溫度不可過高，否則表面會形成一層乾膜，口感不佳。

冰鳳淇梨淋

冰淇淋材料：鮮奶油600克、鮮奶300克、香草莢1條取籽、麥芽糖75克。

蛋黃醬：蛋黃110克、細砂糖115克。

水果：新鮮鳳梨375克（芒果、草莓、葡萄等均可替代）。

芡粉水：玉米粉26克、清水26克。

必需工具：烤箱、紗布袋、打蛋器、溫度計、熱水。

做　法

一、**烤鳳梨：**鳳梨果肉切丁，放進紗布袋，擠汁備
用，但別擠太乾。果肉鋪平，放進以攝氏120度預
熱的烤箱中烤乾水份，濃縮滋味。

二、**重計量：**擠出的鳳梨汁視同材料中的鮮奶，量不
足再加鮮奶補足。

三、**打蛋黃：**蛋黃加砂糖打散，
稍微打發備用。

四、**煮奶汁：**混合冰淇淋所有材
料，煮至攝氏85度，熱而不
沸的程度。

五、**沖蛋黃：**熱奶汁沖進蛋黃
裡，隔熱水加熱，持續均勻
攪拌。

六、**勾濃茨：**再將茨粉水調勻倒入，勾出濃稠。

七、**加鳳梨：**最後加進鳳梨肉拌
勻，待溫度下降，送入冷凍庫。

八、**攪成冰：**在結冰變硬之前，
可多次翻攪碎冰，創造綿密
口感。

浪師提醒

熱奶汁沖入蛋黃中，溫度不可過高，若沖出蛋花就算失敗。

Chef A-Lang's
Chinese Healthy
Desserts

雙皮奶

材料：蛋白225克、鮮奶340克、鮮奶油115克、薑汁20克。

糖水：沸水150克加細砂糖75克，攪溶冷卻。

另備：威化紙（糯米紙），剪成碗口大小。

必需工具：飯碗、保鮮膜、蒸籠。

做 法

一、**混材料：**混合所有材料與糖水，過濾後，倒入飯碗約半碗高。

二、**蒸一半：**封上保鮮膜，蒸8分鐘，見凝固即取出。

三、**倒滿蒸：**鋪上威化紙，再注滿蛋白奶，同樣封上保鮮膜，入鍋再蒸，凝固取出。

浪師提醒

一、蒸雙皮奶的時間不能太久，否則起花穿孔，口感不滑嫩。

二、雙皮奶上面可加蜜蓮子、蜜紅豆等一起食用。

大酥皮

油心材料：低筋麵粉600克、乳化白油600克、乳瑪琳150克。

水皮材料：高筋麵粉300克、低筋麵粉300克、乳化白油75克，清水300克、細紗糖20克。

必需工具：塑膠袋、刮刀、方盤、擀麵棍。

做法

一、**搓油心：**像在洗衣板上搓揉衣服的手勢，將粉油均勻結合，再放進鋪有塑膠袋的方盤裡，抹平表面，冷凍變硬。

二、**揉水皮：**取高低筋麵粉築牆，中置清水少許與細砂糖，採指尖畫圈方式，使糖溶於水至無顆粒。再放白油稍微推散，加入其餘清水，利用刮刀推牆，將水油粉混合揉團，高舉重摔，摔至起筋不黏手，入袋，冷藏，醒麵30分鐘。

三、二合一：取出油心，放至半解凍。取出水皮，擀成與油心相同大小，鋪蓋在油心上面，翻轉方盤，倒扣出麵皮，撕去塑膠袋，對折麵皮，油心在裡，水皮在外，上下長，左右窄。

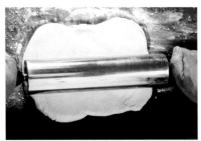

四、疊三折（口訣三三四）：擀麵棍上下滾動，均勻施力，將麵皮擀成長方形，上下內疊三折，變左右長，上下窄。

五、又三折：擀麵棍左右滾動，同樣均勻施力，再次將麵皮擀成長方形，左右內疊折三折，又變上下長，左右窄。

六、疊四折：擀麵棍改上下滾動，依舊均勻施力，將麵皮擀成長方形，上下兩邊先向中間取齊對折，再對折成四層，即完成大酥皮。

〔浪師提醒〕

以上材料為最低製作份量，若材料太少，操作不易，若沒用完，可冷凍保存。

蛋塔

塔皮：大酥皮。

蛋液：全蛋120克、鮮奶240克。

糖水：沸水80克加細砂糖40克，攪溶，冷卻。

必需工具：擀麵棍、蛋塔盞、齒模。

做 法

一、**擀酥皮：**擀開大酥皮，厚度約0.3公分。

二、**切酥皮：**取齒模重壓大酥皮，切出適合蛋塔盞的圓形麵皮。

三、**壓酥皮：**皮入盞，大姆指輕輕施力，從底部上推，皮盞相黏，壓實緊貼，沒有空隙，最後推出盞緣，稍高一點點，冷凍備用。

四、**勻蛋液：**混合蛋液材料與糖水，攪勻，過濾，撈泡。

五、**烤蛋塔：**蛋液注入蛋塔盞約八分滿，送進底火攝氏200度、上火180度預熱的烤箱裡，烤12分鐘即成。

浪師提醒

阿浪師曾赴日本帝國飯店客座，嘗試將傳統蛋塔做出小變化，有時取玉米粉水，將橙汁勾芡，淋在蛋塔上；有時則用一點水，分次加糖，熬成濃焦糖。傳統蛋塔多了淋醬，滋味不一樣。

Chef A-Lang's
Chinese Healthy
Desserts

紅豆，赤色，入心，能帶動血液循環。

紅豆是高鉀食物，加上豐富的纖維，
能幫助排便與利尿。

紅豆有清熱解毒功效，經常被用來改善
腳氣病及下肢水腫。

紅

紅豆，健脾止瀉，利水消種，解毒排膿。

性平，味甘、酸。

唐，王維：紅豆生南國，春來發幾枝，
願君多採擷，此物最相思。

《本草綱目》：赤小豆，其性下行，久服則降令太過，
津液滲泄，所以令肌瘦身重也。

富含蛋白質、脂肪、維生素 A、B、C 和
植物皂素，以及鋁、銅等微量元素。

豆

熟紅豆基本法

一、泡水：紅豆洗淨泡水，夏天6小時，冬天10小時，瀝去水份。

二、蒸熟：加清水淹過約2公分高，蒸50分鐘，中途若見水乾，酌量多次加入少許熱水。

三、確認：取一粒紅豆稍微擠壓，確認內裡是否已經鬆軟成沙。若差一點，再加少許熱水再蒸。

四、保存：熟紅豆放冷，入夾鍊袋，一包包冷凍，即煮即食。

> **浪師提醒**

一、泡豆子最好移到冰箱冷藏，避免一時忘記，讓豆子發酵或發芽，浸泡時間稍長亦無妨。

二、專業煮豆分兩階段進行，第一階段先煮開豆子，但煮豆怕水多，若任其在沸水中翻滾，豆沙自然漏光光，第二階段再針對甜點種類進行再加工。

三、生豆在第一時間想變甜點，耗時很長，感覺麻煩，但若生豆已是熟豆，想變出各式甜點，頃刻即成，這也是飯店餐廳大量製作的前置秘訣。

速成紅豆湯

材料：熟紅豆、清水、細砂糖。

做法

水煮沸，轉小火，放紅豆，見膨脹，再加糖，再沸即成。

浪師提醒

一、經過處理的熟紅豆，想喝甜湯，就加水加糖煮開；想變蜜豆，就回蒸變軟加糖蜜住。

二、想吃廣式紅豆湯，在煮水時先加些陳皮煮出味。

紅椰
豆香
糕

材料：紅豆190克、清水1500克、細砂糖450克、鮮奶油250克。

芡粉水：馬蹄粉190克，椰漿1罐（400毫升），清水300克。

必需工具：方盤、蒸籠。

做　法

一、**蒸豆：**生紅豆變熟紅豆，見第76頁。

二、**製漿：**清水加糖煮至溶化，放入熟豆煮沸，快速沖進調勻的芡粉水中攪拌成糊。

三、**加料：**加鮮奶油調勻。

四、**蒸熟：**粉漿倒入方盤，高度約3公分，蒸30分鐘。

五、**均勻：**取出，用筷子把積水與糕糊攪勻，放冷，切塊，即食。

浪師提醒

一、若芡粉水無法濃稠成糊，可隔水加熱，攪至成半凝固。

二、椰香紅豆糕可變椰香綠豆糕，材料生紅豆換成生綠豆170克，其餘材料與做法都相同。

Chef A-Lang's
Chinese Healthy
Desserts

豆沙餡

基礎中點技法

材料： 豆沙1000克（見以下步驟一至四）、花生油200克、細砂糖500克、麥芽糖300克。

必需工具： 清水、果汁機、細目漏杓、刮刀、濾漿袋。

做法

一、**蒸**：生紅豆變熟紅豆，見第78頁。

二、**碎**：熟紅豆加清水少許，用果汁機分次打碎。

三、**濾**：紅豆泥倒進細目漏杓，用刮刀來回刮動，瀝皮漏沙。

四、**擰**：紅豆沙裝進濾漿袋中，擰去水份，愈乾愈好。

五、**炒**：熱鍋轉小火，先取花生油50克，加豆沙與細砂糖，不停手，炒到糖溶化，再加入麥芽糖。

六、**Q**：不能停手，炒到濃稠，帶點Q感，最後再倒入剩下的花生油150克，翻煮到油全吃進豆沙裡即可。

浪師提醒

一、炒豆沙與炒棗泥手法完全相同，火要小，手要快，鼻要靈，眼要大，若是焦底，功虧一簣。

二、花生油分兩次入鍋，比較容易炒乾，但第二下鍋不能太慢，否則不易收乾。

蜜紅豆

基礎中點技法

材料：熟紅豆600克（見第78頁）、奶油100克、細砂糖200克。

做法

混合所有材料，開中小火，輕輕炒到自然濃稠即可，若要味道重，可追加煉乳100克。

豆沙窩餅

窩餅材料：低筋麵粉190克、吉士粉20克、清水265克、雞蛋1個、沙拉油40克。

內餡：豆沙餡。

另備：煎餅用沙拉油少許，以及收口麵糊（麵粉20克加清水20克調勻）。

做 法

一、**攪麵糊：**低筋麵粉、吉士粉加少許清水調勻至摸起來無顆粒，再加雞蛋、沙拉油與其餘清水拌勻。

二、**熱鍋子：**餐巾紙沾油，塗抹平底鍋，鍋子不必燒太熱。

三、攤薄餅：麵糊一杓入鍋，旋轉鍋子，攤勻麵糊，轉成薄皮，見皮微微膨脹便要取出。片片煎好，鋪平疊放。

四、包豆沙：豆沙先搓成柱狀體，壓扁成長方形，放進薄餅中間，先收左右，再由下往上翻折，取麵糊收口。

五、煎兩面：燒熱平底鍋，加入少許油，兩面煎至金黃，盛盤。

六、變口味：豆沙可換成棗泥，薄餅可單吃，亦可淋香草汁（見第32頁）、芒果汁、黑糖漿、蜂蜜，或是取草莓、蜂蜜、鮮奶油直接搗碎成醬。

> 浪師提醒

一、攤薄餅的第一張大多不會成功。

二、攤薄餅的鍋子不能太熱，最好兩只平底鍋輪流使用。

三、攤薄餅不能貪快熟，火若太大，麵皮攤不均勻，質地也會轉硬，之後一折疊便裂開，無法使用。

香草窩餅

老布希愛吃

1993年，美國前總統老布希訪台時，下榻西華飯店，當時為了貴賓入住，飯店進行沙盤推演與菜餚設計，洪滄浪因而發明了中西合璧的香草窩餅。

窩餅是上海點心，外皮加了雞蛋，阿浪師又加了吉士粉，平時打個麵糊隨便包個什麼，客人都說好吃，所以等到老布希來了，乾脆煎個窩餅，裡面包豆沙餡，外面淋香草汁，再用雙色果醬圍個邊，用牙籤畫出心形葉片，從此成為西華飯店的招牌甜點。

銅鑼燒

外皮材料：

A：全蛋190克、糖粉190克、細砂糖35克、蜂蜜25克。

B：低筋麵粉250克、奶粉少許、泡打粉6克、小蘇打粉5克，混合過篩。

C：鮮奶150克、室溫軟化的無鹽奶油18克，香草莢1條取籽。

內餡材料：蜜紅豆。

┌─────┐
│ 做 法 │
└─────┘

一、**打麵糊：**全蛋先打散，加入兩種糖攪打至無顆粒，放進蜂蜜調勻，倒入B拌勻，但不能拌太久。最後混入C，打做麵糊，冷藏靜置30分鐘。

二、**煎麵餅：**平底鍋加熱，餐巾紙沾油塗抹，湯匙舀麵糊倒入，令其自然擴散成圓，並用匙底輕輕抹平表面，小火慢煎兩面，直至金黃。

三、**夾豆餡：**像三明治一樣，取兩片，中夾蜜紅豆即成。

必勝

豆沙包

材料：低筋麵粉600克、細砂糖230克、清水280克、泡打粉25克、太白粉20克、澄麵20克。

內餡：豆沙餡。

另備：黑芝麻粒。

必需工具：刮刀、擀麵棍、蒸籠紙、蒸籠。

做　法

一、**揉麵：**麵粉挖空築牆，中置清水少許與細砂糖，以指尖畫圓圈的方式，將糖溶化至無顆粒，再混合周圍的麵粉與其餘的清水，在尚未成團前，加泡打粉、太白粉與澄麵，迅速揉成團。

二、**包餡：**麵團搓成長條，分切出10克重的小團，手指揉捏令其結實成圓，壓扁後擀成圓片，包進15克重的豆沙餡，收攏開口。

三、**開口：**搓成長橢圓，取刀在表面割兩刀，並撒上黑芝麻粒，放在蒸籠紙上。

四、**炊蒸：**大火沸水，包子入鍋，蓋緊鍋蓋，見水蒸氣從縫隙中大量溢出，開始計時5至7分鐘即成。

浪師提醒

一、必勝豆沙包不必醒麵，也不用等麵團長大再操作，所以動作要稍快。

二、蒸包子，水要多，氣要足，火要大。

Chef A-Lang's
Chinese Healthy
Desserts

豆沙芝麻球

外皮材料：

A：糯米粉600克、細砂糖375克、清水450克。

B：熱水450克、澄麵450克、乳化白油375克。

內餡材料：豆沙餡、鹹鴨蛋黃一個切8粒。

蛋白水：蛋白加清水調勻。

另備：白芝麻、炸油。

必需工具：刮刀、托盤。

做法

一、**揉米團：**取外皮A的糯米粉挖空築牆，中置清水少許與細砂糖，以指尖畫圓圈的方式，將糖溶化至無顆粒，再混合周圍的粉與其餘的清水，利用刮刀壓揉成團。

二、**燙澄麵：**取外皮B的熱水燙澄麵，再加乳化白油揉成團。

三、**二合一：**A團與B團揉在一起，搓長條，切小團，重20克。

四、**包內餡：**用掌心揉圓小麵團，並拍壓成圓扁片，包進10克豆沙餡與鹹鴨蛋黃，最後搓成球狀。

五、**沾芝麻：**白芝麻倒入方盤中，糯米球浸入蛋白水，撈出糯米球放進芝麻堆裡，搖動方盤，讓芝麻均勻沾裹。

六、**再搓圓：**取出芝麻球，再次搓圓，讓芝麻緊黏其上。

七、**泡熱油：**炸油燒至攝氏110度，轉中小火，放芝麻球，靜置不動，慢慢泡炸。

八、**開大火：**見芝麻球微微膨脹，取杓輕輕推動，見一個個慢慢浮起，轉大火逼油，炸至微黃，即可撈出，趁熱食用。

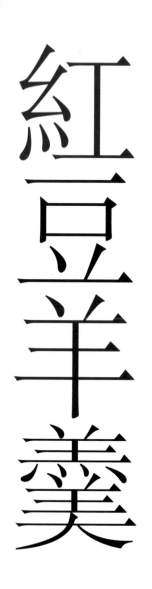

紅豆羊羹

材料：未炒製的熟豆沙（見第82頁的做法一至四）1000克。

糖水：清水800克、細砂糖500克、麥芽糖300克。

凝固劑：洋菜粉25克、清水200克。

必需工具：打蛋器、方盤。

> **做 法**

一、**煮糖水：**水加糖，開中火，煮至化。

二、**變凝固：**洋菜加清水勻開，慢慢倒入沸騰的糖水中，用打蛋器攪拌至再次沸騰。

三、**混豆沙：**紅豆沙入鍋拌勻，再沸騰，即離火，入模型，放到涼，食用時切塊裝盤。

> **浪師提醒**

冷透的羊羹，封保鮮膜，可冷藏一週左右。

《本草綱目》：綠豆消腫下氣，治寒熱，止瀉痢，利小便，除脹滿，厚實腸胃，補益元氣，調和五臟，安精神，去浮風，潤皮膚，解金石、砒霜、草本等毒。

綠

具有清熱消暑，利尿消腫，
潤喉止渴及明目降壓的功效。

綠豆味甘、性寒，無毒。

《本草綱目》：綠豆，消腫治痘之功雖同於赤豆，
而壓熱解毒之力過之，且益氣、厚腸胃、通經脈，
無久服枯人之忌。

綠豆營養價值很高，含蛋白質高於白米，
碳水化合物豐富，脂肪質較少，
更含有蛋白質、鈣、磷、鐵、胡蘿蔔素等。

豆

熟綠豆基本法

一、泡水：綠豆洗淨泡水1小時，瀝去水分。

二、蒸熟：加清水淹至九成高，蒸30分鐘，中途若見水乾，酌量多次加入少許熱水。

三、確認：取一粒綠豆稍微擠壓，確認內裡是否已經鬆軟成沙。若差一點，再加少許熱水再蒸。

四、保存：熟綠豆放冷，入夾鍊袋，一包包冷凍，即煮即食。

浪師提醒

一、無論如何，處理豆子還是要花很長的時間，寧可前置作業規規矩矩，讓生豆變熟豆，再利用大量備置的方法，讓冷凍熟綠豆，輕鬆成為炎炎夏日的家庭常備食材。

二、想喝綠豆沙，從冰箱中取熟豆加冰塊加糖粉，用果汁機一打即可飲。

三、廣式綠豆湯會額外添加魚腥草或海帶絲，同樣在煮水前先下鍋，熬出味、煮到軟，再放熟綠豆與細砂糖。

基礎中點技法：綠豆沙餡

一、泡水：綠豆仁洗淨，泡水6小時，綠豆仁愛喝水，水高三倍以上。

二、乾蒸：瀝去水，入鍋乾蒸50分鐘，取出待冷。

三、碾壓：將冷卻的熟綠豆仁放入塑膠袋中，取擀麵棍來回滾動壓碎成沙。

四、炒餡：見第82頁，材料比例同豆沙餡，炒製方法同步驟五與六，但花生油改成沙拉油。

清心綠豆湯

材料：熟綠豆、清水、細砂糖。

> **做 法**

水煮沸，轉小火，放綠豆，見膨脹，再加糖，再沸即成。

綠豆仁麻糬

麻糬皮材料：清水380克、細砂糖80克、糯米粉300克、玉米粉50克、奶粉30克、椰漿50克、沙拉油50克。

內餡：綠豆沙餡（見第98頁）。

另備：椰絲。

必需工具：耐熱塑膠袋、方盤。

做 法

一、打米漿：鋼盆裡先裝清水與細砂糖，攪動至完全溶化，再加進三種粉與椰漿拌勻，最後加沙拉油調成糊狀。

二、蒸外皮：方盤鋪上耐熱塑膠袋，倒入糯米漿，厚度約0.2公分，蒸5分鐘至熟，變成麻糬皮。

三、包麻糬：麻糬皮放冷，撒上椰絲，倒扣在麵板上，撕掉塑膠袋，放入搓成條的綠豆沙餡，包捲起來，切塊即成。

浪師提醒

誰說麻糬一定要搓成圓形？包捲成圓柱體，操作方便，形狀新穎，好看好吃。

綠檸豆檬糕

材料：綠豆仁190克、檸檬1個、清水1500克、細砂糖450克。

荠粉水：清水300克、馬蹄粉190克。

必需工具：方盤。

做 法

一、**蒸豆：**生綠豆仁變熟綠豆沙（見第98頁）。

二、**製漿：**清水加砂糖煮溶，放入熟沙豆煮沸，快速沖入調勻的荠粉水中攪勻。

三、**加料：**加入剁碎的檸檬皮與現擠的檸檬汁拌勻。

四、**蒸熟：**粉漿倒入方盤，高度約3公分，蒸30分鐘。

五、**均勻：**取出，用筷子把積水與糕糊攪勻，放冷，切塊，即食。

浪師提醒

做法同椰香紅豆糕，若荠粉水無法濃稠成糊，可隔水加熱，攪至成半凝固，再入模蒸熟。

黑芝麻最主要的脂肪酸是亞麻油酸，
是人體不可缺少的必需脂肪酸。

黑芝麻鈣含量高，另有鎂、鐵、鋅及多種維生素外，
其中不飽和脂肪酸更有維持血管彈性、預防動脈硬化的效果，
是人體優質的脂肪來源。

黑芝麻含有的鐵和維生素 E，是預防貧血、
活化腦細胞、消除血管膽固醇的重要成分。

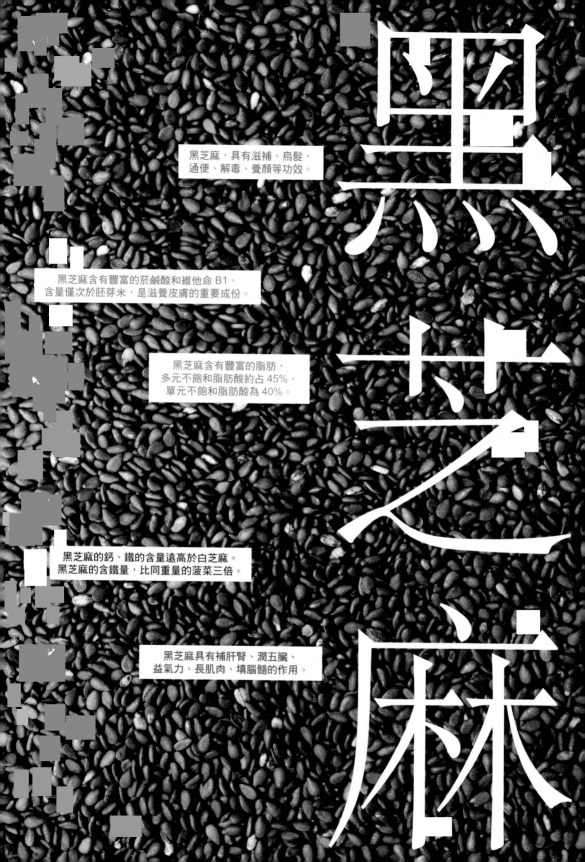

黑芝麻，具有滋補、烏髮、
通便、解毒、養顏等功效。

黑芝麻含有豐富的菸鹼酸和維他命 B1，
含量僅次於胚芽米，是滋養皮膚的重要成份。

黑芝麻含有豐富的脂肪，
多元不飽和脂肪酸約占 45%，
單元不飽和脂肪酸為 40%。

黑芝麻的鈣、鐵的含量遠高於白芝麻。
黑芝麻的含鐵量，比同重量的菠菜三倍。

黑芝麻具有補肝腎、潤五臟、
益氣力、長肌肉、填腦髓的作用。

黑芝麻

淡淡芝麻糖然

材料： 黑芝麻400克、室溫軟化的無鹽奶油100克、奶粉200克。

糖漿材料： 麥芽糖450克、細砂糖200克、鹽巴少許、清水80克。

打發蛋白： 義大利蛋白霜35克、清水35克。

另備： 糯米紙與包裝紙。

必需工具： 溫度計、打蛋器、耐熱塑膠袋、長30公分寬20公分高2公分的長方盤、大擀麵棍。

一、烤芝麻： 烤箱預熱至攝氏100度，黑芝麻鋪平放入，烤焙至香。

二、煮糖漿： 中火煮沸糖漿材料，不必攪，不用管，淡淡然，直到溫度飆上攝氏120度。

三、打蛋白： 大鋼盆放蛋白霜與清水，打發至泡沫凝固，不會變形倒下的狀態。

四、沖蛋白： 糖漿溫度達到攝氏128至130度，立即沖入打發蛋白裡，迅速拌勻。

五、增風味： 再加奶油和奶粉，最後倒入黑芝麻拌勻。

六、揉均勻： 將黑芝麻糖倒出，放在剪開的耐熱塑膠袋中，隔袋趁熱還柔軟時，左右上下翻折，直到顏色混合均勻，不沾黏塑膠袋為止。

七、擀壓實： 連袋移入方盤，用力且迅速擀壓，直到表面光滑平整，厚度約1.5公分。

八、變成品： 黑芝麻糖放到完全冷卻，依包裝紙大小丈量切塊，先包一層糯米紙，再取糖果紙捲起即可。

浪師提醒

黑芝麻糖在室溫下的保存期限為10天，冷藏約30天。

黑芝麻糊

方法一：沖食

材料：熟黑芝麻粉、麵茶粉（見第154頁）、細砂糖、沸水。

> 做 法

一、**回魂：**取乾淨鍋子，小火慢焙黑芝麻粉，隨時搖動，聞到香氣立即盛起。亦可使用烤箱，先預熱到攝氏120度，同樣聞香即起。

二、**沖食：**黑芝麻粉七成加麵茶粉三成，先加糖，再沖熱水。

方法二：煮食

材料：熟黑芝麻粉、市售花生醬、鮮奶油、細砂糖。

芡粉水：在來米粉、清水。

> 做 法

一、**回魂，**同上。

二、**煮食：**水煮沸，加入黑芝麻粉、花生醬、鮮奶油、適量砂糖，最後用在來米粉水勾芡。

芝麻糕

材料：馬蹄粉95克、太白粉55克、重新烤焙的黑芝麻粉95克。

糖水：沸水900克、細砂糖300克，攪至糖溶，冷卻。

工具：尺寸相同的方盤2個、耐熱塑膠袋、蒸籠。

一、**調麵糊：**完全冷卻的糖水加馬蹄粉、太白粉調成水麵糊。

二、**黑與白：**兩個方盤分別鋪上耐熱塑膠袋，倒入水麵糊，厚度約0.2公分，其中一盤加入黑芝麻粉調勻。

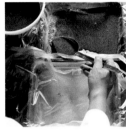

三、**同蒸熟：**黑白麵糊同時間入鍋蒸5分鐘，見透明即取出。

四、**黑白合：**讓糕稍為變涼，但還有溫度時，提取塑膠袋的邊緣，快速將黑糕翻疊在白糕上面，讓粗糙面相對，光滑面朝外，並調整塑膠袋將兩塊對齊。

五、**黑白捲：**趁熱將芝麻糕捲起定型，置冷，切塊，即食。

一、晶瑩剔透的芝麻糕，雖然只有兩層，但吃起來像三層，黑芝麻好似夾餡。

二、若當餐未吃完，冷藏保存2天，食用前蒸軟即可。

Chef A-Lang's
Chinese Healthy
Desserts

芝麻湯圓

外皮材料：糯米粉300克、澄麵30克、細砂糖30克、清水110克。

內餡材料：重新烤焙的黑芝麻粉300克、糖粉190克、乳化白油225克、室溫軟化的無鹽奶油40克、煉乳200克、鮮奶油50克。

[做　法]

一、**做內餡：**混合內餡所有材料，搓成長條，分成重約10克的小球，冷凍備用。

二、**揉外皮：**取外皮材料的糯米粉與澄麵築牆，中間放砂糖與清水少許，用指尖把糖溶化至無顆粒，再混合周圍粉牆與其餘清水，利用刮刀壓實，最後加沙拉油揉勻，再搓長條，切成重約15克的小團。

三、**包內餡：**用掌心將外皮拍成圓扁片，包餡，搓圓，一一放在已撒上糯米粉的盤子上。

四、**煮湯圓：**水沸下湯圓，再沸，加冷水，轉小火煮至沸騰，見浮起，就熟了。

五、**吃法多：**湯圓煮熟，加糖水變甜湯，沾花生糖粉或芝麻糖粉，變成雙味麻糬。

[浪師提醒]

一、芝麻湯圓做到步驟三，可冷凍保存。

二、黑芝麻粉換成花生粉，材料、做法全相同，就變花生湯圓。

花生中含有和紅酒相同的抗氧化劑
白藜蘆醇，可保護血管。

花生油的不飽和脂肪酸高達 75% 以上，
其中單元不飽和脂肪酸含量在 50% 以上，
有助於降低膽固醇。

花生保存須注意，若保存不當容易產生黃麴毒素。

花生，煮熟的性平，炒熟的性溫。

花生的蛋白質含量高達 30％，
營養價值比瘦肉、牛奶等更容易被人體吸收利用。

花生仁含有人體所必需的 8 種胺基酸，
另有豐富的脂肪、卵磷脂，維生素 A、B、E、K，
以及礦物質元素鈣、磷、鐵等。

花生無毒，有潤肺，潤胃、潤腸和補脾益氣等功效。

花生，古人稱長生果、萬壽果，具有滋補益壽的作用。

花生湯

花生湯煮到花生糜軟，絕對天荒地老、不敷成本，以下方法，巧妙破解。

方法一

一、花生600克加小蘇打粉10克，用手抓一抓，加清水淹過，浸泡3至4小時。

二、把花生移至水龍頭，沖熱水數次，直到水清為止，重加清水煮50分鐘即爛，而且色澤轉深變美。

方法二

一、花生600克加清水淹過,放鹽巴15克攪勻,浸泡3至4個小時,洗淨,瀝水。

二、把花生裝進塑膠袋,放進冷凍庫一個晚上,隔天加清水煮80分鐘即軟綿。

方法三

買一口密合度高的壓力鍋,花生洗淨,與清水一同入鍋,旋緊鍋蓋,大火直催,聽見七七七的狂作聲,轉小火70分鐘,待其自然降壓即可。

浪師提醒

花生湯比較油膩,所以在調味時,除了細砂糖以外,可酌量加一點鹽巴。

富貴酥

外皮材料：水油皮（見第44頁）。

內餡材料：熟花生粉40克、熟芝麻40克、椰絲40克、細砂糖60克拌勻。

另備：炸油。

> 做 法

一、包內餡：將花生糖粉包進水油皮裡，如包水餃一般對折，用大姆指壓扁收口。

二、折花邊：取一頭，先反折一個小三角，順勢上折，收成花邊，直至另一頭。

三、入鍋炸：炸油加熱至攝氏140度，先熄火，逐一放下，見浮起，開大火，色金黃，即瀝出。

核桃是含油量高的種子，是熱量相當高的食品。

核桃可以減少腸道對膽固醇的吸收，
對動脈硬化、高血壓和冠心病患有益。

核桃又稱為萬歲子、長壽果。

核

核桃味甘、性平，溫，無毒，微苦，微澀。

核桃可防止細胞老化，有效地改善記憶力、
延緩衰老並潤澤肌膚。

核桃可補腎、固精強腰、
溫肺定喘、潤腸通便。

核桃，不飽和脂肪酸含量高達 80% 以上。

桃

返沙核桃

材料：去殼核桃300克、小蘇打粉10克、清水1000克。

糖漿材料：細砂糖600克、清水600克。

必需工具：烤箱。

做法

一、**泡核桃：**清水煮沸，加小蘇打粉，熄火，放核桃，加蓋，浸泡30分鐘，瀝掉水份。

二、**烤核桃：**烤箱預熱到攝氏135度，放進鋪平的核桃，烤約50分鐘，聞香取出。

三、**煮糖漿：**清水煮砂糖，水滾轉中小火，不必攪動。由於家庭爐火不夠均勻，若見有一邊糖色偏深，就用鏟子輕輕順同一方向，把糖轉進中心來，但盡量不要動，不要搖。

四、**細觀察：**剛開始煮糖時，冒出來的泡泡很大，等到泡泡愈來愈細時，火力就要愈來愈小，而冒泡的速度愈來愈慢，表示濃度愈來愈稠。

五、**放核桃：**時間要抓準，若下早了，核桃炒太久就不脆，若下太慢了，糖煮太久就會焦掉。

六、**糖返沙：**倒入核桃，快速攪拌，瞬間成沙，並用鏟子趁熱一一剝開，避免冷卻時黏在一起。

浪師提醒

一、核桃可烤可炸，若改用油炸法，一樣將核桃投入加有小蘇打的沸水中，以小火泡煮4至5分鐘，撈起瀝乾。

二、炸油燒至攝氏110度，轉小火，放核桃，先不動，慢慢泡。待2分鐘以後，火力由小火轉中火，再用鏟子推動，炸4至5分鐘，取出一粒掰開，若顏色深淺不一，就是不熟，倘若顏色一致，即可撈出瀝油。

四

五

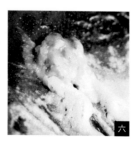
六

冰心核桃酪

材料：去殼核桃170克、清水650克、花生醬60克、煉乳20克、鮮奶油100克、細砂糖60克、吉利丁片5片。

必需工具：果汁機、冰水、冰塊。

做 法

一、烤核桃：烤箱預熱到攝氏150度，放進核桃，烘乾至聞到香味。

二、打成泥：烤香的核桃放入果汁機，加水攪打成泥，移至爐火煮沸，再調入花生醬、煉乳、細砂糖，最後再鮮奶油等。

三、混凝膠：將核桃泥與吉利丁片混合，做法請見第16頁。

四、冰冰吃：核桃泥隔冰塊水一直攪動，直至冷卻，裝入容器，並用烤核桃或薄荷葉裝飾。

浪師提醒

一、添加吉利丁片不是為了凝固，而是讓核桃酪的口感滑順。

二、若想吃熱呼呼的核桃酪，做到步驟二，添加鮮奶調整濃度。

甘核
露桃
酥

材料：去殼核桃。

外皮材料：低筋麵粉600克、糖粉300克、乳化白油130克、室溫軟化的無鹽奶油130克、吉士粉40克、雞蛋3個、小蘇打粉2克、泡打粉8克。

內餡材料：棗泥餡（請見第42頁）。

另備：打散的蛋黃。

必需工具：烤箱、刮刀。

（ 做　法 ）

一、烤核桃：烤箱預熱到攝氏150度，放進鋪平的核桃，烤香即取出。

二、揉外皮：麵粉加吉士粉築牆，中間放兩種油和糖粉，用指尖或掌根搓至糖融解，再加雞蛋以指尖畫圈融合，最後混合周圍粉牆、小蘇打粉、泡打粉，用刮刀壓勻成塊，避免用力揉而起筋。

三、包餡心：麵團搓長條，切成10克重的小團，稍微揉圓，以掌心壓扁成圓片，包進10克的棗泥餡，再搓揉成圓。

四、貼核桃：表面塗蛋黃，再取3粒烤過的核桃，貼著麵團周圍，輕輕擠壓固定，似是隆起山形。

五、入烤箱：送入以攝氏200度預熱的烤箱，烤10至12分鐘即可。

（ 浪師提醒 ）

棗泥和核桃，永遠都是好朋友。

蓮子的營養價值高,
含有豐富的蛋白質、脂肪和碳水化合物,
鈣、磷、鉀含量亦豐。

蓮子中的維生素 B 群豐富,
可消除疲勞、抒解壓力,達到助眠的效果。

蓮子中心的綠色蓮芯帶有苦味,性寒,也可以入藥或泡茶使用。

蓮

蓮子具有養心安神的功效，
可以健腦，增強記憶力，提高工作效率，
並能預防老年性痴呆的發生。

蓮子，性平、味甘澀，有補脾止瀉，
清心養神益腎的作用。

蓮子，又稱蓮蓬子、蓮實、白蓮、蓮米、蓮肉，屬於蓮屬植物。

《本草綱目》：蓮子有交心腎，厚腸胃，固精氣，
強筋骨，補虛損，利耳目，除寒濕等功能。

子

蜜蓮子

一、**泡水：**乾蓮子洗淨，加水淹過，移入冰箱一天10小時。

二、**蒸熟：**瀝乾水份，注入清水，水高超過2公分，蒸20分鐘，並確認蓮子已鬆軟。

三、**瀝汁：**瀝出蓮子，留下蒸汁（做蓮子湯，或加糖飲用，不可浪費）。

四、**煮糖：**清水900克、細砂糖1200克、麥芽糖50克，開中火煮溶成糖水。

五、**濃縮：**取糖水淹過蓮子，煮沸後，改小火，續煮20分鐘，直至糖水收濃、蓮子綿密，即是蜜蓮子。

浪師提醒

蜜蓮子與其它熟豆子相同，可冷凍保存。

速成蓮子湯

材料：蜜蓮子、蓮子蒸汁、冰糖、清水。

做 法

清水加蓮子蒸汁煮沸，加蜜蓮，再煮開，加糖調味即可。

浪師提醒

蓮子湯可加些白木耳，緩和甜味又增加口感。

冰糖雪耳紅蓮

材料：蜜蓮子、白木耳、桂圓肉、紅棗、清水、細砂糖。

> 做法

一、**去雜質：**桂圓肉拆開，泡冷水15分鐘，去除細殼等雜質。紅棗洗淨。

二、**蒸糖水：**清水加紅棗與桂圓肉蒸1小時，趁熱溶化細砂糖，取汁備用。

三、發雪耳：白木耳泡冷水30分鐘，修去蒂頭，再放入沸水中汆燙3分鐘，瀝出沖水再瀝乾。

四、變甜湯：桂圓糖水加紅棗、白木耳、蜜蓮子，直火煮沸5分鐘或蒸10分鐘即成。

[浪師提醒]

材料多寡與甜度高低，隨個人喜好調整。

西谷米的營養成分為蛋白質、鈣、磷等。

西米性溫、味甘，有健脾、潤肺、化痰的功效。

西谷，白淨滑糯，營養頗豐。

最為傳統是從西谷椰子樹的莖髓部提取澱粉，
經過手工加工製成，目前原料來自木薯粉、
麥澱粉、玉米粉，或棕櫚科植物等。

西米，又稱西谷米、西穀米、
西國米、莎木面、沙孤米。

西米原產自南洋一帶，是一種加工米。

熟西米基本法

一、先備糖水：沸水600克加細砂糖115克，攪溶，放冷備用。

二、水沸下米：清水煮沸，轉中火，放西米，勤攪動。

三、起伏兩次：水再滾起，加冷水，又滾起，再加水。

四、加蓋燜熟：取幾粒西米，沖自來水，若外已透明、心仍有白點，即熄火，加蓋燜20分鐘。

五、全部透明：再取幾粒西米，同法沖冷水，見不到白心點，就煮好了。

六、瀝出沖水：瀝出所有的西米，沖冷開水，洗去表面黏液。

七、糖水保存：西米浸入糖水，裝盒冷藏備用。

二　四　五　六

浪師提醒

一、煮西米像煮冷凍水餃，透過添加冷水而讓熱力緩慢滲透入裡，外層又不致於太快軟化，若一路開大火煮到熟，西米很快失去彈性，也不能久放。

二、坊間盛傳煮西米的偷呷步方法，是浸冷水再下鍋，但真正的結果是：很快熟卻糊爛，也無法保存。即使是即煮即食，也是粒粒破碎。

三、熟西米泡在糖水裡，不但口感緊致，亦可延長保存期約7天，想吃不必現煮。

西蜜
瓜
米
露

材料：新鮮蜜瓜果肉300克、冰塊115克、煉乳40克、鮮奶75克、鮮奶油75克、熟西米150克。

糖水：以細砂糖二加沸水一的比例，攪溶，放冷，取75克。

必需工具：果汁機。

┌─────┐
│ 做　法 │
└─────┘

一、打果汁：蜜瓜果肉切塊，放入用果汁機，加糖水與冰塊打成汁。

二、調味道：蜜瓜汁、煉乳、鮮奶、鮮奶油一起攪勻。

三、加西米：最後放入熟西米即可。

┌───────┐
│ 浪師提醒 │
└───────┘

一、蜜瓜果肉用果汁機打成汁，時間不可太久，否則易出苦澀味。

二、蜜瓜可用木瓜取代，必須選擇果汁不易分離的水果替代。

三、蜜瓜因產季而甜度不一，糖水可依個人口味調整。

甘楊露枝

材料：新鮮芒果肉225克、煉乳190克、鮮奶40克、鮮奶油40克、熟西米150克、新鮮柚子果肉適量。

糖水：以細砂糖二加上沸水一的比例，攪溶，放冷，取適量。

必需工具：果汁機。

一、打果汁：芒果果肉切塊，用果汁機打成汁。

二、調味道：芒果汁、煉乳、鮮奶、鮮奶油、糖水一起攪勻。

三、加西米：加入熟西米拌勻。

四、撒柚子：食用前，裝進容器，撒上柚子果肉。

西米布丁

材料： 熟西米300克、奶油15克、清水115克、細砂糖55克、椰漿40克、鮮奶油40克、煉乳20克、雞蛋1個、豆沙餡（見第82頁）。

芡粉水： 吉士粉30克、清水30克。

必需工具： 烤箱。

> 做 法

一、混西米： 熟西米、奶油、清水煮沸，加細砂糖拌勻。

二、勾濃芡： 調勻芡粉水，慢慢加入西米中，收至濃稠，離火。

三、添奶味： 加入椰漿、鮮奶油、煉乳拌勻，最後加入打散的全蛋調勻。

四、疊三層： 取淺盤或瓷碗，先鋪一層西米，再放豆沙餡，再鋪一層西米。

五、烤上色： 以底火攝氏180度，上火200度預熱烤箱，烤盤加水，烤至表面上色即可。

西米果

材料：沙拉油20克、清水75克、熟西米300克、細砂糖40克、太白粉75克、澄麵30克、檸檬汁15克。

內餡：綠豆沙餡（見第99頁），連著蒂頭的罐頭櫻桃，圓底稍微切修平整。

必需工具：刮刀、蒸籠。

一、拌西米：熱鍋放沙拉油、清水、熟西米、細砂糖與檸檬汁，煮到西米開始冒煙變熱時，有如天女散花般撒下太白粉20克，再快速攪拌，讓西米成團。

二、加澄麵：等西米團稍微冷卻，移至麵板，撒澄麵與其餘太白粉，持刮刀快速拌勻。

三、包內餡：西米團搓長條，切出30克重的小塊，壓扁成圓片，先包進綠豆沙餡20克，再夾進紅櫻桃，收口時露出蒂頭，捏成洋梨形狀。

四、上籠蒸：大火水沸，入鍋加蓋，見蒸氣溢出，計時3分鐘即可。

浪師提醒

一、西米果是西米糕的精緻版，20多年前阿浪師剛入行做小弟時，西米糕是裝在碗裡，之後改用蛋塔蓋，模樣小巧而可愛。

二、西米糕比西米果容易操作，兩者材料與做法大致相同，但太白粉只要準備20克撒入鍋內，而且西米不必揉成團，也免加澄麵。

三、取碗抹油，先放一杓甜西米，蒸七分熟，鋪上紅豆餡或綠豆餡，再放一杓西米，再蒸熟，冷卻後即是西米糕。

Chef A-Lang's
Chinese Healthy
Desserts

小麥富含富含澱粉、蛋白質、脂肪、礦物質、鈣、鐵、維他命 A 及維他命 B1、B2、B3 等。

小麥味甘，性涼。能養心益脾，和五臟，調經絡，除煩止渴，利小便。

麵粉的筋力高低主要取決於
麵粉中的蛋白質含量的高低。

麵粉可以分為特高筋麵粉、高筋麵粉、中筋麵粉、
低筋麵粉及無筋麵粉（澄麵）。

若對麩質過敏，應避免食用穀麥。

麵粉的原料為小麥，小麥歷史悠久，
是人類主要糧食之一。

唐朝《本草拾遺》：「小麥麵，補虛，
實人膚體，厚腸胃，強氣力。」

巧果

材料：中筋麵粉280克、板豆腐或盒裝豆腐110克、細砂糖80克、黑芝麻粒30克、全蛋液55克。

另備：炸油。

必需工具：大漏杓、塑膠袋、擀麵棍。

做　法

一、抓豆腐：豆腐放在漏杓上抓碎，瀝出多餘水分。

二、搓豆腐：麵粉築牆，中間放豆腐與砂糖，以少量清水將三者混成泥狀，並用手指感受砂糖已完全溶解。

三、揉麵團：推散粉牆，加入其餘清水和一和，再加黑芝麻、沙拉油壓揉成團，均勻即可，不能揉太久。

四、醒麵團：麵團放入塑膠袋，或用倒扣的鋼盆蓋住，靜置1小時。

五、擀麵皮：將麵團擀成大薄片，厚度約0.2公分。

六、做形狀：再切成長5公分、寬2.5公分的長條狀，中間劃一刀，約1.5公分長，取一頭往開口內翻轉，變成蝴蝶狀或啾啾狀。

七、慢泡炸：炸油燒至攝氏135度，將麵片一一投入，見浮起，已定型，再推動炸油使其均勻。

八、炸上色：見到微膨脹，轉大火，炸上色並逼餘油。瀝油，冷卻，裝罐密封即可。

浪師提醒

炸油溫度若太高，巧果無法順利膨脹，口感就會硬邦邦。

笑口常開

材料： 低筋麵粉300克、南乳1塊、細砂糖130克、清水75克、小蘇打粉4克、雞蛋半個、沙拉油15克、白芝麻粒。

蛋白水： 蛋白加清水調勻。

另備： 炸油。

必需工具： 刮刀、塑膠袋。

【 做 法 】

一、**揉麵團：** 麵粉築牆，中置細砂糖和清水少許，先以指尖畫圈至糖溶化，再加雞蛋與南乳調勻，混合周圍麵粉、小蘇打粉和其餘清水，最後加沙拉油，利用刮刀，壓拌成團。

二、**醒麵團：** 麵團放入塑膠袋，或用倒扣的鋼盆蓋住，靜置30分鐘。

三、**搓成球：** 麵團搓成條，切成15克重的小團，以掌手快速搓圓，令表面光滑。

四、**沾芝麻：** 白芝麻撒進盤子裡，小麵團用蛋白水浸濕，撈出放進芝麻裡，前後搖動盤子，讓芝麻沾裹均勻，取出再搓圓，讓芝麻緊黏。

五、熄火炸：炸油燒至攝氏100度，熄火後，投入麵團，保持不動，見其從鍋底冒泡浮起，體積變大，轉中火，推油滾球。

六、大火炸：見其逐一長大爆開，轉大火，炸上色，即瀝起。

浪師提醒

一、南乳醬又稱紅豆腐乳醬，是一種加了紅麴米發酵的豆腐乳，笑口常開加了南乳醬，油炸後有一股類似老麵饅頭的發酵氣息，非常迷人。

二、笑口常開會漲很大，分成小麵團時，不必掐得太大。

三、麵團搓圓要認真，若留下折縫，油炸後會亂笑一通，形狀亂七八糟。

麵茶

材料：低筋麵粉。

必需工具：底部圓弧的中華炒鍋或不銹鋼鍋。

做法

一、刷鍋子：炒鍋刷洗乾淨，燒熱鍋子。

二、炒麵粉：轉小火，放麵粉一直炒不斷翻，直到顏色微黃，生味轉成香味，即是麵茶粉（須小心炒過火）。

三、沖熱水：麵茶粉的膨脹率很高，取量不必太多，沖入沸水，迅速攪拌成糊，即可食用。

四、善保存：放冷，裝罐，密封，否則易生油耗味。

浪師提醒

一、麵茶除了加砂糖調味，亦可加豬油、油蔥酥變成古早味，還能添加熟核桃、熟芝麻等五穀粉等，搖身成為養生飲品。

二、現在的人肚子餓泡牛奶，以前的艱苦人則是泡麵茶，美援時期的麵粉很便宜，一點點麵粉泡一大碗，是香噴噴又飽足的一餐。

必勝馬來糕

材料：低筋麵粉95克、高筋麵粉20克、細砂糖150克、奶粉20克、吉士粉20克、雞蛋130克、三花奶水140克、室溫軟化的無鹽奶油75克、室溫軟化的豬油75克、小蘇打粉23克、泡打粉30克、清水少許。

必需工具：小鋁杯、竹籤。

　做　法

一、取鋼盆，放進兩種麵粉、細砂糖、奶粉、吉士粉、雞蛋，以指尖觸盆底，順向畫圓圈，直到無顆粒為止。

二、加入三花奶水、奶油、豬油，拌成稀糊狀。

三、先確認蒸籠水已經沸騰，再把小蘇打粉與泡打粉加少許清水調開，最後才混入稀麵糊。

四、麵糊注入小鋁杯約八分滿，第一時間送進底水已沸騰的蒸籠裡，加鍋蓋，見蒸氣起，計時8分鐘。

五、取出一個馬來糕，插入竹籤測試生熟，若竹籤上沒有沾黏，表示已熟透，可大快朵頤。

　浪師提醒

傳統茶樓的馬來糕，使用老麵製作，蒸出一大塊再切割，但為求美觀、效率與成本，紛紛改用小鋁杯，並以快速發漲法操作。

古早麵煎粿

外皮材料：低筋麵粉240克、細砂糖55克、全蛋蛋液100克、鮮奶240克、小蘇打粉2克、泡打粉6克、沙拉油40克。

糖餡材料：花生粉40克、熟黑芝麻粒35克、熟白芝麻粒25克、黑糖80克、細砂糖20克。

做法

一、**打麵糊：**麵粉、砂糖、雞蛋、鮮奶混在一起，用攪拌器攪到砂糖散了，加沙拉油攪打，最後加小蘇打粉和泡打粉拌勻，封保鮮膜，置室溫下，醒1個小時。

二、**煎麵餅：**燒熱平底不沾鍋，倒入麵糊，稍為轉鍋，令其均勻攤平，轉小火，加鍋蓋，靜待片刻。

三、**細觀察：**見麵糊膨脹起來，並出現小洞洞時，確認底部是否上色。

四、**撒糖餡：**糖餡鋪一半，鍋蓋蓋回去，直到底部煎出金黃色。

五、**對半折：**餅皮對折成半圓形，再加蓋悶一下即可盛起。

浪師提醒

一、餅皮要膨脹起來，出現蜂巢才算成功，糖餡要吃進細孔才行。

二、由於鍋子的溫度不穩定，煎第一片最容易失敗。

國家圖書館出版品預行編目資料

阿浪師五星級點心教室：14種萬用食材,60道天天
都想吃的中式養生甜點 / 王瑞瑤,洪滄浪著. -- 初
版. -- 臺北市：皇冠,2014.12
　面；　公分. -- (皇冠叢書；第4439種)(玩味；6)
ISBN 978-957-33-3093-6 (平裝)

1.點心食譜

427.16　　　　　　　　　　　　　103023020

皇冠叢書第4439種
玩味 06
阿浪師五星級點心教室
14種萬用食材，60道天天都想吃的中式養生甜點

作　　者—王瑞瑤、洪滄浪
發 行 人—平雲
出版發行—皇冠文化出版有限公司
　　　　　台北市敦化北路120巷50號
　　　　　電話◎ 02-27168888
　　　　　郵撥帳號◎ 15261516 號
　　　　　皇冠出版社 (香港) 有限公司
　　　　　香港上環文咸東街 50 號寶恒商業中心
　　　　　23 號 2301-3 室
　　　　　電話◎ 2529-1778　傳真◎ 2527-0904
責任主編—盧春旭
責任編輯—湯家寧
美術設計—王瓊瑤
攝　　影—高政全
著作完成日期—2014 年 9 月
初版一刷日期—2014 年 12 月
法律顧問—王惠光律師
有著作權 · 翻印必究
如有破損或裝訂錯誤，請寄回本社更換
讀者服務傳真專線◎ 02-27150507
電腦編號◎ 542006
ISBN ◎ 978-957-33-3093-6
Printed in Taiwan
本書定價◎新台幣 320 元 / 港幣 107 元

● 皇冠讀樂網：www.crown.com.tw
● 小王子的編輯夢：crownbook.pixnet.net/blog
● 皇冠 Facebook：www.facebook/crownbook
● 皇冠 Plurk：www.plurk.com/crownbook

皇冠60週年回饋讀者大抽獎！
600,000現金等你來拿！

參加辦法 即日起凡購買皇冠文化出版有限公司、平安文化有限公司、平裝本出版有限公司2014年一整年內所出版之新書，集滿書內後扉頁所附活動印花5枚，貼在活動專用回函上寄回本公司，即可參加最高獎金新台幣60萬元的回饋大抽獎，並可免費兌換精美贈品！

● 有部分新書恕未配合，請以各書書封（書腰）上的標示以及書內後扉頁是否附有活動說明和活動印花為準。
● 活動注意事項請參見本扉頁最後一頁。

活動期間 寄送回函有效期自即日起至2015年1月31日截止（以郵戳為憑）。

得獎公佈 本公司將於2015年2月10日於皇冠書坊舉行公開儀式抽出幸運讀者，得獎名單則將於2015年2月17日前公佈在「皇冠讀樂網」上，並另以電話或e-mail通知得獎人。

抽獎獎項

60週年紀念大獎1名：
獨得現金新台幣**60萬元整**。

● 獎金將開立即期支票支付。得獎者須依法扣繳10%機會中獎所得稅。● 得獎者須本人親自至本公司領獎，並於領獎時提供相關購書發票證明（發票上須註明購買書名）。

讀家紀念獎5名：
每名各得《哈利波特》傳家紀念版一套，價值3,888元。

經典紀念獎10名：
每名各得《張愛玲典藏全集》精裝版一套，價值4,699元。

行旅紀念獎20名：
每名各得 dESEÑO New Legend尊爵傳奇28吋行李箱一個，價值5,280元。

● 獎品以實物為準，顏色隨機出貨，恕不提供挑色。
● dESEÑO尊爵系列，採用質感金屬紋理，並搭配多功能收納內襯，品味及性能兼具。

時尚紀念獎30名：
每名各得 dESEÑO Macaron糖心誘惑20吋行李箱一個，價值3,380元。

● 獎品以實物為準，顏色隨機出貨，恕不提供挑色。
● dESEÑO跳脫傳統包袱，將行李箱注入活潑色調與開朗大方的元素，讓旅行的快樂不再那麼單純！

詳細活動辦法請參見
www.crown.com.tw/60th

主辦：皇冠文化出版有限公司
協辦：平安文化有限公司
平裝本出版有限公司

慶祝皇冠60週年，集滿5枚活動印花，即可免費兌換精美贈品！

參加辦法 即日起凡購買皇冠文化出版有限公司、平安文化有限公司、平裝本出版有限公司2014年一整年內所出版之新書，集滿**本頁左下角**活動印花5枚，貼在活動專用回函上寄回本公司，即可免費兌換精美贈品，還可參加最高獎金新台幣60萬元的回饋大抽獎！
●贈品剩餘數量請參考本活動官網（每週一固定更新）。●有部分新書恕未配合，請以各書書封（書腰）上的標示以及書內後扉頁是否附有活動說明和活動印花為準。●活動注意事項請參見本扉頁最後一頁。

活動期間 寄送回函有效期自即日起至2015年1月31日截止（以郵戳為憑）。

贈品寄送 2014年2月28日以前寄回回函的讀者，本公司將於3月1日起陸續寄出兌換的贈品；3月1日以後寄回回函的讀者，本公司則將於收到回函後14個工作天內寄出兌換的贈品。
●所有贈品數量有限，送完為止，請讀者務必填寫兌換優先順序，如遇贈品兌換完畢，本公司將依優先順序予以遞換。●如贈品兌換完畢，本公司有權更換其他贈品或停止兌換活動（請以本活動官網上的公告為準），但讀者寄回回函仍可參加抽獎活動。

兌換贈品

●圖為合成示意圖，贈品以實物為準。

A 名家金句紙膠帶
包含張愛玲「我們回不去了」、張小嫻「世上最遙遠的距離」、瓊瑤「我是一片雲」，作家親筆筆跡，三捲一組，每捲寬1.8cm、長10米，採用不殘膠環保材質，限量1000組。

B 名家手稿資料夾
包含張愛玲、三毛、瓊瑤、侯文詠、張曼娟、小野等名家手稿，六個一組，單層A4尺寸，環保PP材質，限量800組。

C 張愛玲繪圖手提書袋
H35cm×W25cm，棉布材質，限量500個。

皇冠60週年集點暨抽獎活動專用回函

請將5枚印花剪下後，依序貼在下方的空格內，並填寫您的兌換優先順序，即可免費兌換贈品和參加最高獎金新台幣60萬元的回饋大抽獎。如遇贈品兌換完畢，我們將會依照您的優先順序遞換贈品。

●贈品剩餘數量請參考本活動官網（每週一固定更新）。所有贈品數量有限，送完為止。如贈品兌換完畢，本公司有權更換其他贈品或停止兌換活動（請以本活動官網上的公告為準），但讀者寄回回函仍可參加抽獎活動。

1. _____ 2. _____ 3. _____

●請依您的兌換優先順序填寫所欲兌換贈品的英文字母代號。

1 2 3 4 5

□（必須打勾始生效）本人_____（請簽名，必須簽名始生效）
同意皇冠60週年集點暨抽獎活動辦法和注意事項之各項規定，本人並同意皇冠文化集團得使用以下本人之個人資料建立該公司之讀者資料庫，以便寄送新書和活動相關資訊。

我的基本資料

姓名：_____

出生：_____年_____月_____日　性別：□男　□女

身分證字號：_____（僅限抽獎核對身分使用）

職業：□學生　□軍公教　□工　□商　□服務業

□家管　□自由業　　□其他

地址：□□□□_____

_____

電話：（家）_____（公司）_____

手機：_____

e-mail：_____

□我不願意收到皇冠文化集團的新書、活動edm或電子報。

●您所填寫之個人資料，依個人資料保護法之規定，本公司將對您的個人資料予以保密，並採取必要之安全措施以免資料外洩。本公司將使用您的個人資料建立讀者資料庫，做為寄送新書或活動相關資訊，以及與讀者連繫之用。您對於您的個人資料可隨時查詢、補充、更正，並得要求將您的個人資料刪除或停止使用。

皇冠60週年集點暨抽獎活動注意事項

1. 本活動僅限居住在台灣地區的讀者參加。皇冠文化集團和協力廠商、經銷商之所有員工及其親屬均不得參加本活動，否則如經查證屬實，即取消得獎資格，並應無條件繳回所有獎金和獎品。

2. 每位讀者兌換贈品的數量不限，但抽獎活動每位讀者以得一個獎項為限（以價值最高的獎品為準）。

3. 所有兌換贈品、抽獎獎品均不得要求更換、折兌現金或轉讓得獎資格。所有兌換贈品、抽獎獎品之規格、外觀均以實物為準，本公司保留更換其他贈品或獎品之權利。

4. 兌換贈品和參加抽獎的讀者請務必填寫真實姓名和正確聯絡資料，如填寫不實或資料不正確導致郵寄退件，即視同自動放棄兌換贈品，不再予以補寄；如本公司於得獎名單公佈後10日內無法聯絡上得獎者，即視同自動放棄得獎資格，本公司並得另行抽出得獎者遞補。

5. 60週年紀念大獎（獎金新台幣60萬元）之得獎者，須依法扣繳10%機會中獎所得稅。得獎者須本人親自至本公司領獎，並提供個人身分證明文件和相關購書發票（發票上須註明購買書名），經驗證無誤後方可領取獎金。無購書發票或發票上未註明購買書名者即視同自動放棄得獎資格，不得異議。

6. 抽獎活動之Deseno行李箱將由Deseno公司負責出貨，本公司無須另行徵求得獎者同意，即可將得獎者個人資料提供給Deseno公司寄送獎品。Deseno公司將於得獎名單公布後30個工作天內將獎品寄送至得獎者回函上所填寫之地址。

7. 讀者郵寄專用回函參加本活動須自行負擔郵資，如回函於郵寄過程中毀損或遺失，即喪失兌換贈品和參加抽獎的資格，本公司不會給予任何補償。

8. 兌換贈品均為限量之非賣品，受著作權法保護，嚴禁轉售。

9. 參加本活動之回函如所貼印花不足或填寫資料不全，即視同自動放棄兌換贈品和參加抽獎資格，本公司不會主動通知或退件。

10. 主辦單位保留修改本活動內容和辦法的權力。

寄件人：

地址：□□□□□

請貼郵票

10547 台北市敦化北路120巷50號
皇冠文化出版有限公司　收